响应式 Web 前端设计项目教程

主　编　孙晓娟　白　云

副主编　刘　雷　邸柱国　张　雨

　　　　孟　霞　朱晓岩

参　编　刘晓君

北京理工大学出版社
BEIJING INSTITUTE OF TECHNOLOGY PRESS

内 容 简 介

本书以 Web 前端开发工程师岗位需求为目标选取课程内容，采用以项目为导向和实践一体化的学习领域课程模式，以 Web 前端开发工程师岗位实际工作任务为载体，以具体的产品为载体内涵，以 Web 前端开发工程师职业资格为课程标准的依据，强调学生的主体作用。在基于职业学习情境中，融入德育元素，通过师生之间的互动和合作，使学生获得实践技能，掌握所学知识。本书共 9 个项目，由浅入深地讲解了响应式 Web 开发的相关知识点。

本书适用面广，既可作为高校、培训机构的 Web 前端开发教材，也可作为网页设计、网站开发、网页编程等课程的教材及参考读物。

图书在版编目（ＣＩＰ）数据

响应式 Web 前端设计项目教程／孙晓娟，白云主编
. -- 北京：北京理工大学出版社，2024.3
ISBN 978 - 7 - 5763 - 3738 - 9

Ⅰ. ①响… Ⅱ. ①孙… ②白… Ⅲ. ①网页制作工具
- 程序设计 Ⅳ. ①TP393.092.2

中国国家版本馆 CIP 数据核字（2024）第 063452 号

责任编辑：王玲玲　　文案编辑：王玲玲
责任校对：刘亚男　　责任印制：施胜娟

出版发行 / 北京理工大学出版社有限责任公司
社　　址 / 北京市丰台区四合庄路 6 号
邮　　编 / 100070
电　　话 / （010）68914026（教材售后服务热线）
　　　　　（010）63726648（课件资源服务热线）
网　　址 / http://www.bitpress.com.cn

版 印 次 / 2024 年 3 月第 1 版第 1 次印刷
印　　刷 / 涿州市新华印刷有限公司
开　　本 / 787 mm × 1092 mm　1/16
印　　张 / 19.75
字　　数 / 435 千字
定　　价 / 89.00 元

前言

随着互联网的高速发展和移动设备的快速普及，作为依托互联网发展起来的网站开发正面临着新的挑战。开发者不仅要注重网站的信息丰富、功能齐备、页面精美、操作流畅，还要关注网站能适合多设备浏览，因此，响应式 Web 开发技术迅速成为移动互联网开发的热点。

本书以 Web 前端开发工程师岗位需求为目标来选取课程内容，采用以项目为导向和实践一体化的学习领域课程模式，以 Web 前端开发工程师岗位实际工作任务为载体，以具体的产品为载体内涵，以 Web 前端开发工程师职业资格为课程标准的依据，强调学生的主体作用，在基于职业学习情境中，融入德育元素，通过师生之间的互动和合作，使学生获得实践技能，掌握所学知识。

本书由辽宁生态工程职业学院与沈阳恒肯科技有限公司共同开发，是一本校企合作开发教材。本书采用项目驱动的教学模式，工学结合地选取内容，按照项目实施的方式，以 HTML5、CSS3 和响应式 Web 开发主要技术为主线进行编写。

本书共 9 个项目，按三部分来编写，由浅入深地讲解了响应式 Web 开发的相关知识点。第一部分由项目 1、项目 6 和项目 7 组成，从 HTML5 的优势及 HBuilder 软件的使用，到 HTML5 基础知识，再到 HTML5 常用标签的语法格式及使用的介绍，实现对 HTML5 的基本认识；第二部分由项目 2～项目 5 组成，在 HTML5 的基础上介绍 CSS3，从通过 CSS 美化 HTML 标签开始学习，列举基础选择器、关系选择器、伪元素选择器等，以及 CSS 三大核心盒子模型、浮动和定位，再到 CSS3 的动画特效，从而实现对 CSS3 的基本认识；第三部分由项目 8 和项目 9 组成，是响应式开发最关键的部分，本部分在 HTML5 和 CSS3 的基础上，讲解响应式 Web 开发的基本概念，跨屏适配技术，响应式图片、文字的处理技巧，媒体查询，弹性盒子模型，流式布局等内容。

在编写本书的过程中，编者参阅了大量书籍及互联网材料，并得到了来自 Web 前端开发工程师的支持，谨在此对所参考的书刊材料的作者和给予我们帮助的企业工程师表示真诚的谢意。

由于编者的水平和编写时间有限，书中难免存在不足之处，恳请各位专家和读者不吝赐教。

目 录

项目 1

健步走网页设计

项目目标

能力目标：

熟练运用 HTML5 的语义化结构标签。

熟练运用文本、图像及超链接标记。

能够建立简单的标题组。

能够实现简单的交互效果。

能够在页面中突出所标记的文本内容。

能够制作简单的网页。

知识目标：

掌握 HTML5 的语法规则。

了解 HTML5 文档的基本结构。

了解 HTML5 的特性和优势。

掌握结构元素的使用，使页面分区更明确。

理解分组元素的使用。

掌握页面交互元素的使用。

素质目标：

培养学生创新和实践的能力。

培育学生团队合作能力。

激发学生参加运动的兴趣，帮助学生追寻运动的乐趣。

项目背景

健步走是国家体育总局从 2005 年以来一直推广的、不受场地限制、简便易行、老少皆宜的一种健身方法，旨在通过倡导行走运动，推广体育健身理念，养成积极健康、文明环保的生活方式。健步走是一项"绿色运动"，在任何时间、任何地点都可以进行，它是介于散步与竞走之间的一种简单运动，不需要任何复杂的装备，只需要一双舒适的运动鞋，就可以达到锻炼身体的目的。

本项目使用文本控制元素、图像控制元素、超链接元素、列表元素、分组元素、结构元素及内容交互元素制作健步走页面。页面默认效果如图 1 - 1 所示。单击"如何开展健步走活动""通过趣味方式唤醒团队健康意识""利用互联网技术，提高活动组织效率"文本时，页面效果如图 1 - 2 所示。

图片来源：http://www.yiqizou.com/index.html

图片来源：http://jbz.xwykj.com/

图 1 - 1 页面默认效果

图 1 - 2 单击内容交互后页面效果

▼如何开展健步走活动

　　1. 在线创建活动
　　2. 员工扫码参与
　　3. 导出排名数据

▼通过趣味方式唤醒团队健康意识

社交互动社区、多种在线互动模板、最身定制在线小游戏、定制问答题库

▼利用互联网技术，提高活动组织效率

通过后台轻松管理、利用碎片化时间、不需要任何活动场地、通过APP和公众号就能参与进来

图片来源：http://www.yiqizou.com/index.html

图片来源：http://jbz.xwykj.com/

图1-2　单击内容交互后页面效果（续）

德育内容：

1. 融入德育元素"健步走"激发学生参加运动的兴趣，养成良好的锻炼习惯，使学生的身心得到健康发展。

2. 融入德育元素"团队运动"，培养学生团队意识，激发学生团队合作精神。

项目知识

任务1.1　初识 HTML5

1.1.1　HTML 概述

　　HTML（Hypertext Markup Language，超文本标记语言）文本是由 HTML 命令组成的描述性文本，HTML 命令可以说明文字、图形、动画、声音、表格、链接等。

　　HTML 的发展历程可以追溯到 20 世纪 90 年代初，人们对于在互联网上展示和共享信息的需求越来越迫切，因此 HTML 应运而生。

1.1.2　HTML 发展历程

　　1991 年，英国物理学家蒂姆·伯纳斯－李发明了 HTML，并提出了一个"超文本项目"，目的是通过互联网连接文档。第一个 HTML 版本非常简单，仅包含一些基本的标签，如标题、段落和列表。随着互联网的发展，HTML 也在不断演化和更新。1994 年，HTML2.0 发布，引入了许多新的标签，如表格、图像和表单。HTML3.0 在 1995 年发布，增加了更多的功能和样式选项。然而，到了 1997 年，HTML 的发展陷入了困境。这时，万维网联盟（W3C）开始制定 HTML 的下一代标准，即 HTML4.0。但是，HTML4.0 的发展过程缓慢，并未完全实现 W3C 的愿景。为了推动 HTML 的发展，W3C 于 2000 年发布了 XHTML1.0（eXtensible HyperText Markup Language，可扩展超文本标记语言）。XHTML 基本上是 HTML 的一个严格版本，更重要的是，它引入了 XML（eXtensible Markup Language，可扩展标记语言）的概念，使 HTML 能够与其他 XML 语言更好地配合使用。然而，XHTML 的标签和语法要求非常严格，必须遵循 XML 的规则。这使得 XHTML 在开发和维护上更加复杂。因此，W3C 在 2010 年发布了 HTML5 标准，皆在简化和统一 Web 开发。

1.1.3 HTML5 概述

HTML5 是第 5 代 HTML，是 HTML 的最新版本，它仅仅是一套新的 HTML 标准，是对 HTML 及 XHTML 的继承与发展，因此，HTML5 本质上并不是什么新的技术，只是在功能特性上有了很大的增强。HTML5 设计目的是解决由于各个浏览器之间的标准不统一，而给网站开发人员带来的麻烦。

1.1.4 HTML5 的优势

1. 跨平台性

HTML5 最显著的优势在于跨平台性，用 HTML5 搭建的站点与应用可以兼容 PC 端与移动端、Windows 与 Linux、安卓与 iOS。它可以被轻易地移植到各种不同的开放平台、应用平台上。这种强大的兼容性可以显著地降低开发与运营成本。

2. 增加了新元素

HTML5 增加的分组元素、结构元素及内容交互元素等有助于网站开发人员定义重要的内容，其语义化元素增加了代码的可读性。

3. 增加了新特性

（1）智能表单

表单是实现用户与页面后台交互的主要组成部分，HTML5 新增加的表单元素，使得原本需要使用 JavaScript 来实现的控件，可以直接使用 HTML5 的表单来实现；另外，通过 HTML5 的智能表单属性标签也能够实现如内容提示、焦点处理、数据验证等功能。

（2）绘图画布

HTML5 的 canvas 元素可以实现画布功能，该元素通过使用自带的 API 结合 JavaScript 在网页上绘制图形。canvas 元素使得浏览器无须 Flash 或 Silverlight 等插件就能直接显示图形或动画图像。

（3）多媒体

HTML5 增加了 audio 元素和 video 元素来实现对多媒体中的音频、视频使用的支持，只要在网页中嵌入这两个标签，而无须第三方插件（如 Flash）就可以实现音频、视频的播放。

（4）地理定位

HTML5 通过引入 Geolocation 的 API 可以通过 GPS 或网络信息实现用户的定位功能，使定位更加准确、灵活。

（5）数据存储

HTML5 相比传统的数据存储，有自己的存储方式，允许在客户端实现较大规模的数据存储。

（6）多线程

HTML5 利用 Web Worker 将 Web 应用程序从原来的单线程中解放出来，通过创建一个 Web Worker 对象就可以实现多线程操作。

1.1.5 创建第一个 HTML5 页面

HBuilder 是 DCloud（数字天堂）推出的一款支持 HTML5 的 Web 开发 IDE，是专为前端打造的开发工具。HBuilder 的编写用到了 Java、C、Web 和 Ruby。HBuilder 的主体是用 Java 编写的，它基于 Eclipse，所以顺其自然地兼容了 Eclipse 的插件。快，是 HBuilder 的最大优势，通过完整的语法提示、代码输入法、代码块等，大幅提升了 HTML、JavaScript、CSS 的开发效率。下面利用 HBuilder 创建一个简单的 HTML5 页面，具体步骤如下。

①打开 HBuilder，单击菜单栏中的"文件"→"新建"→"项目"命令，如图 1 - 3 所示，将出现"新建项目"窗口，如图 1 - 4 所示。

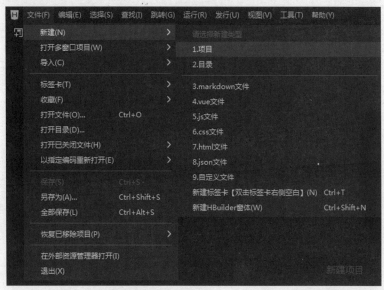

图 1 - 3　单击菜单栏中的"文件"→"新建"→"项目"命令

图 1 - 4　"新建项目"窗口

②在"新建项目"窗口中单击左侧栏中的"普通项目"选项卡，并在项目名称处输入"健步走"，单击"浏览"按钮选择项目存储的位置，并单击选择模板中的"基本 HTML 项目"，如图 1 - 5 所示。

图 1 - 5   选择模板中的"基本 HTML 项目"

③单击"创建"按钮，在"项目管理器"中将看到刚刚创建的项目。单击"健步走"项目名，在弹出的下拉列表中能够看到"健步走"项目文件夹中默认建立了一个 css 文件夹（用于存放 CSS 样式表文件）、一个 img 文件夹（用于存放项目图像）、一个 js 文件夹（用于存放 JS 文件）和一个网页文件 index. html。双击"index. html"，此时将打开 index. html 文件，该文件中有默认代码，如图 1 - 6 所示。

图 1 - 6   index. html 的默认代码

④在 index. html 文件的 < body > < /body > 标记之间添加文本"这是第一个 HTML5 页面"代码,如图 1 - 7 所示。按快捷键 Ctrl + S 保存页面。

图 1 - 7　添加文本"这是第一个 HTML5 页面"代码

⑤按快捷键 Ctrl + R 在谷歌浏览器中运行 index. html,效果如图 1 - 8 所示。

图 1 - 8　运行 index. html 的效果

任务 1.2　HTML5 基础

HTML5 是新的 HTML 标准,是对 HTML 及 XHTML 的继承与发展,目前网站开发者均使用 HTML5 构建网站。

1.2.1　HTML 标记

带有 " < > "符号的元素称为 HTML 标记,网页是由众多 HTML 标记组成的,HTML 标记也称为 HTML 标签。

HTML 标记分为两类:单标记和双标记。

单标记是指一个标记符号就能够完整地表达某个功能。其语法格式如下:

< 标记名 />

例如: < br/ > ,实现换行功能。

双标记是指由开始和结束两个标记组合才能够完整地表达某个功能。其语法格式如下:

< 标记名 > 内容 < /标记名 >

例如: < p > 内容 < /p > ,实现分段功能。

注意:HTML 标记不区分大小写。

HTML 还有一种特殊的标记,即注释语句标记,是指把一段便于理解或说明性的注释文字写在 HTML 文档中，而这段注释文字又会被浏览器忽略，不显示在网页中。其语法格式如下：

```
<!--注释语句-->
```

例如：<!--这是标题标记-->。

注意：注释标记的快捷键为 Ctrl +/。

1.2.2 HTML 属性

HTML 属性就是 HTML 标记的特征，就像描述一个人，这个人有身高、体重和性别等特征，HTML 属性可以扩展 HTML 标记的功能，例如，可以把网页的背景色设置成红色，可以把段落文字居中显示等。其语法格式如下：

```
<标记名 属性名1="属性值1" 属性名2="属性值2"…属性名n="属性值n">内容</标记名>
```

注意：

①标记可以拥有多个属性，各属性之间不分先后顺序；

②属性必须放在开始标记里，位于标记名之后；

③标记名与属性名、属性与属性之间用空格分隔；

④允许属性值不使用引号；

⑤允许部分属性的属性值省略。

在 HTML 属性中，有一个特殊的属性 style，其作用是定义样式，如文字的大小、颜色及背景颜色等。style 属性的语法格式如下：

```
<标记名 style="属性名1:属性值1;属性名2:属性值2;…属性名n:属性值n">内容</标记名>
```

注意：一个 style 属性中可以放置多个属性名，每个属性名与属性值之间用冒号隔开，并且每个属性不分先后顺序，它们之间用分号隔开。

例如：

```
<p style="color:red;text-align:center">我是红色字,我在网页中水平居中对齐</p>
```

1.2.3 HTML5 文档的基本格式

由 HBuilder 生成的标准 HTML5 文档的代码如图 1-9 所示，这些代码构成了 HTML5 文档的基本格式。

```
1  <!DOCTYPE html>
2  <html>
3      <head>
4          <meta charset="utf-8" />
5          <title></title>
6      </head>
7      <body>
8      </body>
9  </html>
```

图 1-9 标准 HTML5 文档的代码

对以上 HTML5 元素，分别进行如下介绍。

1. ＜！DOCTYPE html＞声明

＜！DOCTYPE html＞声明必须位于文档的第 1 行，用来告知浏览器文档的类型为 HTML5，以此来帮助浏览器正确地显示网页。

2. html 元素

html 元素位于＜！DOCTYPE html＞声明之后，是网页的第 1 个元素，也是网页的根元素，由＜html＞标记开始，以＜/html＞标记结束，其中包含 head 元素和 body 元素。

3. head 元素

head 元素紧跟在 html 元素后面，是网页的头部，由＜head＞标记开始，以＜/head＞标记结束，其中的内容主要放置浏览器标题栏的名称，或者其他需要告知浏览器的信息。

4. meta 元素

meta 元素位于 head 元素内部，用于定义文档的字符编码，HTML5 文档的字符编码为 UTF-8。

5. title 元素

title 元素位于 head 元素内部，由＜title＞标记开始，以＜/title＞标记结束，其中的内容用于告知浏览器标题栏显示什么文字。

6. body 元素

body 元素位于 head 元素之后，与 head 元素并列，由＜body＞标记开始，以＜/body＞标记结束，其中的内容（文本、图像、音频和视频等）是网页的主体，这些内容都将被浏览器解析并显示在浏览器窗口中。

1.2.4 HTML5 文档的头部相关标记

1. 定义页面元信息标记＜meta/＞

＜meta/＞标记用于定义页面的元信息，可重复出现在＜head＞头部标记中，在 HTML 中是一个单标记。＜meta/＞标记本身不包含任何内容，通过"名称/值"的形式成对地使用其属性可定义页面的相关参数，如为搜索引擎提供网页的关键字、作者姓名、内容描述及定义网页的刷新时间等。

下面介绍＜meta/＞标记常用的几组设置，具体如下。

```
<meta name = "名称" content = "值"/>
```

在＜meta/＞标记中使用 name/content 属性可以为搜索引擎提供信息，其中，name 属性提供搜索内容名称，content 属性提供对应的搜索内容值。具体应用如下。

- 设置网页关键字，如辽宁生态工程职业学院官网关键字的设置：

```
<meta name = "keywords" content = "辽宁生态工程职业学院,生态工程,辽宁生态"/>
```

其中，name 属性的值为 keywords，用于定义搜索内容名称为网页关键字，content 属性的值用于定义关键字的具体内容，多个关键字内容之间可以用半角的","分隔。

- 设置网页描述，如辽宁生态工程职业学院官网描述信息的设置：

```
<meta name = "description" content = "口碑好的高职院校,拥有现代化的教学场所"/>
```

其中，name 属性的值为 description，用于定义搜索内容名称为网页描述，content 属性的值用于定义描述的具体内容。需要注意的是，网页描述的文字不必过多，尽量用简洁的文字描述该网页的主要内容，一般控制在 60 字以内。

description 和上面的 keywords 一样，是对于一个网页的简要内容概括。不同的是，keywords 是由几个词语组成的，而 description 则是完整的一句话，描述内容要和页面内容相关。

- 设置网页作者，如可以为某网站填写作者信息：

```
<meta name = "author" content = "Sun xiao"/>
```

其中，name 属性的值为 author，用于定义搜索内容名称为网页作者，content 属性的值用于定义具体的作者信息。

- 设置页面自动刷新与跳转，如定义某个页面 10 秒后跳转至辽宁生态工程职业学院官网：

```
<meta http - equiv = "refresh" content = "10;url = http://www.lnstzy.cn"/>
```

其中，http - equiv 属性的值为 refresh，content 属性的值为数值和 url 地址，中间用 ";" 隔开，用于指定在特定的时间后跳转至目标页面，该时间默认以秒为单位。

2. 引用外部文件标记 < link >

一个页面往往需要多个外部文件的配合，在 < head > 标记中使用 < link > 标记可引用外部文件，一个页面允许使用多个 < link > 标记引用多个外部文件。其基本语法格式为：

```
<link 属性名1 = "属性值1" 属性名2 = "属性值2"/>···属性名 n = "属性值 n"
```

该语法中，< link > 标记的几个常用的属性见表 1 – 1。

表 1 –1　< link > 标记的常用属性

属性名	常用属性值	描述
href	url	指定引用外部文档的地址
rel	stylesheet	指定当前文档与引用外部文档的关系，该属性值通常为 stylesheet，表示定义一个外部样式表
type	text/css	引用外部文档的类型为 CSS 样式表

例如，使用 < link > 标记引用外部 CSS 样式表：

```
<link rel = "stylesheet" type = "text/css" href = "style.css">
```

上面的代码表示引用当前 HTML 页面所在文件夹中，文件名为 style. css 的 CSS 样式表文件。

3. 内嵌样式标记 < style >

< style > 标记用于为 HTML 文档定义样式信息，位于 < head > 头部标记中，其基本语法格式为：

```
<style 属性名 = "属性值">样式内容</style>
```

在 HTML 中使用 style 标记时，常常定义其属性为 type，相应的属性值为 text/css，表示使用内嵌式的 CSS 样式。

4. < script > 标签

< script > 标签既可以包含脚本语句，也可以通过 src 属性指向外部脚本文件，比如 JavaScript。

例如：通过 JavaScript 输出 "Hello World"。

```
<script type = "text/javascript">
    document.write("Hello World!")
</script>
```

上面的代码可以放到 < head > 标签中，也可以放到 < body > 标签中。

例如：通过 src 属性指向外部脚本文件。

```
<script type = "text/javascript" src = "photo.js"></script>
```

任务 1.3 文本控制标记

在一个网页中文字往往占有较大的篇幅，为了让文字能够排版整齐，HTML 提供了一系列的文本控制标记。

1.3.1 段落标记

段落标记 < p > 的作用是分段，每个段落会另起一行，并且会带有默认的段间距。段落标记是双标记，由 < p > 标记开始，以 </p > 标记结束。段落标记 < p > 的语法格式如下：

```
<p>内容</p>
```

任务实践 1 - 1 段落标记的使用

任务描述：利用段落标记 < p > 显示两行诗句 "非淡泊无以明志 非宁静无以致远"。页面效果如图 1 - 10 所示。

图 1 - 10 段落标记的使用页面效果

任务分析：

根据任务要求，在页面主体 < body > 中嵌入两对段落标记 < p > 并输入诗句内容。

任务实施：

```
1  <!DOCTYPE html >
2  <html >
3      <head >
4          <meta charset = "UTF - 8" />
5          <title >段落标记的使用 </title >
6      </head >
7      <body >
8          <p >非淡泊无以明志 </p >
9          <p >非宁静无以致远 </p >
10     </body >
11 </html >
```

1.3.2 标题标记

标题标记 < hn > （n 取 1、2、3、4、5、6）用于显示标题，独自成行，被设置的文本带有默认的字号和段间距，并且将以黑体的方式显示在网页中。标题标记 < h1 > ~ < h6 > 呈现了 6 个不同级别的标题， < h1 > 标记定义最大的标题，被设置的文本字号最大； < h6 > 标记定义最小的标题，被设置的文本字号最小。标题标记 < hn > 是双标记，由 < hn > 标记开始，以 </hn > 标记结束。标题标记 < hn > 的语法格式如下：

```
<hn >标题内容 </hn >
```

任务实践 1 – 2 标题标记的使用

任务描述：利用标题标记 < h1 > ~ < h6 > 呈现 6 个不同级别的标题内容。页面效果如图 1 – 11 所示。

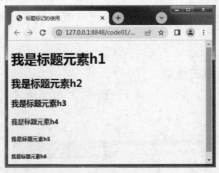

图 1 – 11 标题标记的使用页面效果

任务分析：

根据任务要求，在页面主体 < body > 中嵌入 6 对标题标记 < h1 > ~ < h6 > 并输入相应内容。

任务实施：

```
1  <!DOCTYPE html >
2  <html >
3    <head >
4       <meta charset = "UTF - 8 ">
5       <title >标题标记的使用 </title >
6    </head >
7    <body >
8       <h1 >我是标题元素 h1 </h1 >
9       <h2 >我是标题元素 h2 </h2 >
10      <h3 >我是标题元素 h3 </h3 >
11      <h4 >我是标题元素 h4 </h4 >
12      <h5 >我是标题元素 h5 </h5 >
13      <h6 >我是标题元素 h6 </h6 >
14   </body >
15 </html >
```

1.3.3 换行标记

在 HTML 中，一个段落中的文字会从左到右依次排列，直到浏览器窗口的右端，然后自动换行。如果希望某段文本强制换行显示，就需要使用换行标记 <br/ >。 <br/ > 标签是一个空标签，是一个单标记，意味着它没有结束标签。使用 < br/ > 标签来输入空行，而不是分割段落。

1.3.4 水平线标记

在网页中常常看到一些水平线将段落与段落之间隔开，使得文档结构清晰，层次分明。这些水平线可以通过插入图片实现，也可以简单地通过标记来完成， < hr/ > 就是创建横跨网页水平线的标记，是一个单标记。

1.3.5 常用文本格式化标记

在网页中，有时需要使文字呈现斜体效果，有时需要使文字呈现加粗效果，有时需要使文字有下划线或删除线等效果，那么这些常用的文本格式是如何设置的呢？HTML 定义了一些文本格式标记，这些标记可以更加灵活地控制各种文本格式。

1. 文本格式标记 < em >

文本格式标记 < em > 的作用是使文字以斜体的方式显示，文本格式标记 < em > 是双标记，由 < em > 标记开始，以 </em > 标记结束。

2. 文本格式标记 < strong >

文本格式标记 < strong > 的作用是使文字以加粗的方式显示，文本格式标记 < strong > 是双标记，由 < strong > 标记开始，以 </strong > 标记结束。

3. 文本格式标记 < del >

文本格式标记 < del > 的作用是使文字以加删除线的方式显示，文本格式标记 < del > 是双标记，由 < del > 标记开始，以 </del > 标记结束。

4. 文本格式标记 <ins>

文本格式标记 <ins> 的作用是使文字以加下划线的方式显示，文本格式标记 <ins> 是双标记，由 <ins> 标记开始，以 </ins> 标记结束。

任务实践1 – 3　常用文本格式标记的使用

任务描述：利用文本格式标记分行呈现网页内容。页面效果如图 1 – 12 所示。

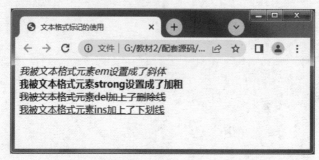

图 1 – 12　常用文本格式标记的使用页面效果

任务分析：

根据任务要求，在页面主体 <body> 中添加文本格式标记，并在其后插入
 标记用于实现文本的换行。

任务实施：

```
1  <!DOCTYPE html >
2  <html >
3    <head >
4        <meta charset = "UTF – 8" >
5        <title > 文本标记的使用 </title >
6    </head >
7    <body >
8        <em > 我被文本格式元素 em 设置成了斜体 </em > <br/>
9        <strong > 我被文本格式元素 strong 设置成了加粗 </strong > <br/>
10       <del > 我被文本格式元素 del 加上了删除线 </del > <br/>
11       <ins > 我被文本格式元素 ins 加上了下划线 </ins >
12   </body >
13 </html >
```

任务 1.4　图像标记

1.4.1　常用图像格式

网页中，如果图像太大，会造成载入速度缓慢，太小又会影响图像的质量，那么哪种图像格式不仅能让图像更小，又能拥有更好的质量呢？下面介绍几种常用的图像格式，以及如何选择合适的图像格式应用于网页。

目前网页上常用的图像格式主要有 GIF、PNG 和 JPG 三种，具体区别如下。

1. GIF 格式

GIF 格式最大的优势就是它支持动画，同时，GIF 格式也是一种无损的图像格式，即修改图片之后，图片质量几乎没有损失。再加上 GIF 支持透明，因此很适合在互联网上使用。但 GIF 只能处理 256 种颜色。在网页设计中，GIF 格式常用于 Logo、小图标及其他色彩相对单一的图像。

2. PNG 格式

PNG 格式最大的优势就是体积小，支持透明，并且颜色过渡更平滑，但 PNG 格式不支持动画。

3. JPG 格式

JPG 格式所能显示的颜色比 GIF 格式和 PNG 格式要多得多，可以用来保存超过 256 种颜色的图像，但是 JPG 格式是一种有损压缩的图像格式，这就意味着修改图片会造成图像数据的丢失。JPG 格式是特别为照片图像设计的文件格式，网页设计过程中类似于照片的图像。比如横幅广告（banner）、商品图片、较大的插图等都可以保存为 JPG 格式。

1.4.2 图像标记

图像标记的作用是在网页中插入图像，图像标记 < img/ > 是单标记，由 < img/ > 构成，它的属性 src 用于指定图像文件的路径和文件名，它是 < img/ > 标记的必需属性。其语法格式如下：

```
< img src = "图像的 URL"/>
```

若要在网页中灵活地应用图像，还要为 < img/ > 标记准备更多属性。

1. 图像替换文本属性 alt

由于一些原因，图像可能无法正常显示，比如图片加载错误、浏览器版本过低等，这时就需要为图像加上替换文本，用来告诉用户该图片的信息，那么就需要使用图像的 alt 属性。

2. 提示文字属性 title

图像标记 < img/ > 有一个和 alt 属性十分类似的属性 title，title 属性用于设置鼠标悬停时图像的提示文字。

3. 图像的宽度属性 width 和高度属性 height

通常情况下，如果不给 < img/ > 标记设置宽和高，图像就会按照它的原始尺寸显示，当然，也可以手动更改图像的大小。width 和 height 属性用来定义图像的宽度和高度，通常我们只设置其中的一个，另一个会按照原图等比例显示。如果同时设置两个属性，且其比例和原图大小的比例不一致，显示的图像就会变形或失真。

4. 图像的边框属性 border

默认情况下图像是没有边框的，通过 border 属性可以为图像添加边框、设置边框的宽度。

5. 图像的边距属性 vspace 和 hspace

在网页中，由于排版需要，有时还需调整图像的边距。HTML 中通过 vspace 和 hspace 属性可以分别调整图像的垂直边距和水平边距，但 HTML5 已经不支持 vspace 和 hspace 两个属性，使用 CSS 代替了。

1.4.3 绝对路径和相对路径

在使用计算机查找需要的文件时，需要知道文件的位置，而表示文件位置的方式就是路径。网页中的路径通常分为绝对路径和相对路径两种。

1. 绝对路径

绝对路径就是网页上的文件或目录在硬盘上的真正路径，如"E:\健步走\img\1 - 1. gif"，或完整的网络地址，如"http://www. lnstzy. cn/go. png"。

网页中不推荐使用绝对路径，因为网页制作完成之后，需要将所有的文件上传到服务器。这时图像文件可能在服务器的 D 盘，也有可能在服务器的 E 盘，可能在 mn 文件夹中，也有可能在 xy 文件夹中。也就是说，很有可能不存在"E:\健步走\img\1 - 1. gif"这样一个路径。

2. 相对路径

相对路径就是相对于当前文件的路径，相对路径不带有盘符，通常是以 HTML 网页文件为起点，通过层级关系描述目标图像的位置。

相对路径的设置分为以下 3 种：

①图像文件和 html 文件位于同一文件夹：只需输入图像文件的名称即可，如 < img src = "1 - 1. gif" / >。

②图像文件位于 html 文件的下一级文件夹：需输入文件夹名和文件名两者，之间用"/"隔开，如 < img src = "img/1 - 1. gif" / >。

③图像位于 html 文件的上一级文件夹：需在文件名之前加入"../"，如果是上两级，则需要使用"../../"，依此类推。如 html 文件位于 mn 文件夹中，而 1 - 1. gif 文件位于 img 文件夹中，且 mn 文件夹与 img 文件夹均在同一项目下，若要在 html 文件中插入 1 - 1. gif，则代码为 < img src = "../img/1 - 1. gif" >。

任务实践 1 - 4　图像标记的使用

任务描述：在网页中显示一张宽度为 200 px 的图片，当图片无法加载时，显示替换文本，当鼠标悬停在图片上时，显示提示文字。页面效果如图 1 - 13 所示。

图 1 - 13　图像标记的使用页面效果

任务分析：

根据任务要求，在页面主体 < body > 中嵌入图像标记 < img > ，并设置 alt、title 和 style 属性。

任务实施：

```
1  < ! DOCTYPE html >
2  < html >
3    < head >
4        < meta charset = "UTF－8" >
5        < title > 图像标记的使用 < /title >
6    < /head >
7    < body >
8        < img src = "img/1－9.jpg" alt = "城市图书馆" title = "作品:城市图书馆(一等
9  奖)" style = "width:200px;" >
10   < /body >
11 < /html >
```

任务 1.5 超链接标记

1.5.1 创建超链接标记

超链接标记 < a > 是指从一个网页指向一个目标的链接关系，这个目标可以是一个网页、一张图片，还可以是一个压缩文件夹、一个 Word 文档、一个电子邮件地址、一个应用程序或者一个#（空链接）。超链接标记 < a > 是双标记，由 < a > 标记开始，以 < /a > 标记结束，它的属性 href 用于指定链接目标的地址，可选属性（常用属性）target 用于指定目标窗口的弹出方式，其常用的属性值有_self（默认值，指在原窗口中打开目标文件）和_blank（指在新窗口中打开目标文件）。

其语法格式如下：

< a href = "跳转的目标" taget = "目标窗口的弹出方式" >内容< /a >

上述语法格式中的内容可以是文字，也可以是图片。

注意：在所有浏览器中，超链接的默认外观如下。

①未被访问的链接带有下划线，并且是蓝色的。

②已被访问的链接带有下划线，并且是紫色的。

③活动链接带有下划线，并且是红色的。

任务实践 1－5 超链接标记的使用

任务描述：页面呈现文字链接和图片链接，分别单击文字链接和图片链接将打开相应的内容。页面效果如图 1－14 所示。

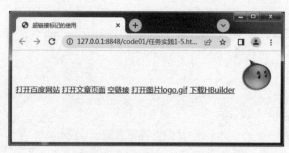

图 1 – 14　超链接标记的使用页面效果

任务分析：

①根据任务要求，在页面主体 < body > 中嵌入超链接标记 < a > ，并设置 href 属性。

②按照图 1 – 14 所示输入前 4 对超链接标记 < a > 的内容，在最后一对超链接标记 < a >中嵌入 < img > 标记。

任务实施：

```
1  <! DOCTYPE html >
2  <html >
3     < head >
4          <meta charset = "UTF – 8" >
5          <title >超链接标记的使用 </title >
6     </head >
7     < body >
8          <a href = "http://www.baidu.com" >打开百度网站 </a >
9          <a href = "article.html" >打开文章页面 </a >
10         <a href = "#" >空链接 </a >
11         <a href = "img/logo.gif" >打开图片 logo.gif </a >
12         <a href = "HBuiler.rar" >下载 HBuilder </a >
13         <a href = "example1 –2.html" > <img src = "img/ww.gif" > </a >
14    </body >
15 </html >
```

1.5.2　锚点链接

如果网页内容过多，页面过长，浏览网页时就需要不断地拖动滚动条，来查看所需的内容，这样效率较低且不方便。为了提高效率，HTML 提供了锚点链接，通过创建锚点链接，用户能够快速定位到目标内容。

在 HTML5 页面中创建锚点链接有两个步骤：

①在要跳转到的位置设置锚点。可以使用 < a >标签并设置 id 属性来创建锚点。

例如，要在页面中创建一个锚点链接到 < h2 >标签的位置，可以在 < h2 >标签上设置一个 id 属性： < h1 id = "section1" >这是第一部分 </h1 > 。

②在需要跳转的位置创建超链接。可以使用 < a >标签来创建超链接，并设置 href 属性为锚点的 id 值（以#开头）。

例如，要创建一个超链接到 <h1> 标签的锚点，可以在需要跳转的位置使用以下代码：
<a href = "#section1" > 跳转到第一部分 </a> 。

以上两个步骤完成后，用户单击链接时，页面将自动滚动到锚点所在的位置。

任务1.6 <div> 标记与 <span> 标记

1.6.1 <div> 标记

div 是英文 division 的缩写，意为"分割、区域"。<div> 标记，简单而言，就是一个区块容器标记，可以将网页分割为独立的、不同的部分，以实现网页的规划和布局。<div> 标记是双标记，由 <div> 标记开始，以 </div> 标记结束。其语法格式如下：

```
<div> 内容 </div>
```

<div> 与 </div> 之间可以容纳段落、标题、图像等各种网页元素，也就是说，大多数 HTML 标记都可以嵌套在 <div> 标记中，<div> 中还可以嵌套多层 <div>。

1.6.2 <span> 标记

<span> 标记用于对文档中的行内元素进行组合。<span> 标记提供了一种将文本的一部分或者文档的一部分独立出来的方式，以实现独立设置文本的样式。

<span> 标记没有固定的格式表现。当对它应用样式时，它才会产生视觉上的变化。如果不对 <span> 标记应用样式，那么 <span> 标记中的文本与其他文本不会产生任何视觉上的差异。

任务1.7 列表标记

为了使网页信息更易读、更有条理，HTML 提供了 3 种列表标记：无序列表标记 <ul>、有序列表标记 <ol> 和定义列表标记 <dl>。

1.7.1 无序列表标记

无序列表标记 <ul> 的作用是布局排列整齐的不需要规定顺序的区域。无序列表标记用 <ul> 与 </ul> 标记定义边界，用 <li> 与 </li> 标记定义列表中的项目。其语法格式如下：

```
<ul>
    <li> 列表项1 </li>
    <li> 列表项2 </li>
        ...
    <li> 列表项n </li>
</ul>
```

任务实践 1 - 6　无序列表标记的使用

任务描述：实现一个一级无序列表效果。页面效果如图 1 - 15 所示。

图 1 - 15　无序列表标记的使用页面效果

任务分析：

根据任务要求，在页面主体 < body > 中嵌入无序列表标记 < ul > ，其中嵌套 3 对 < li > 标记，并输入内容。

任务实施：

```
1  <！DOCTYPE html >
2  < html >
3    < head >
4        < meta charset = "UTF - 8" >
5        < title > 无序列表标记的应用 </title >
6    </head >
7    < body >
8        < ul >
9            < li > 我是无序列表项 1 </li >
10           < li > 我是无序列表项 2 </li >
11           < li > 我是无序列表项 3 </li >
12       </ul >
13   </body >
14 </html >
```

1.7.2　有序列表标记

有序列表标记 < ol > 的作用是布局排列整齐的需要规定顺序的区域。有序列表标记用 < ol > 与 </ol > 标记定义边界，用 < li > 与 </li > 标记定义列表中的项目。其语法格式如下：

```
< ol >
    < li > 列表项 1 </li >
    < li > 列表项 2 </li >
            …
    < li > 列表项 n </li >
</ol >
```

任务实践1-7 有序列表标记的应用

任务描述：实现一个一级有序列表效果。页面效果如图1-16所示。

图1-16 有序列表标记的使用页面效果

任务分析：

根据任务要求，在页面主体<body>中嵌入有序列表标记<ol>，其中嵌套3对<li>标记，并输入内容。

任务实施：

```
1  <!DOCTYPE html >
2  <html >
3    <head >
4        <meta charset = "UTF - 8">
5        <title >有序列表标记的应用 </title>
6    </head >
7    <body >
8        <ol >
9            <li >我是有序列表项1 </li>
10           <li >我是有序列表项2 </li>
11           <li >我是有序列表项3 </li>
12       </ol >
13   </body >
14 </html >
```

1.7.3 定义列表标记

定义列表标记<dl>的作用是对术语或名词进行解释和描述。定义列表标记用<dl>与</dl>标记定义边界，用<dt>与</dt>标记定义术语或名词，用<dd>与</dd>标记定义描述信息。其语法格式如下：

```
<dl >
    <dt >名词1 </dt>
    <dd >名词1 解释1 </dd>
    <dd >名词1 解释2 </dd>
        ...
    <dt >名词2 </dt>
```

```
    < dd > 名词 2 解释 1 < /dd >
    < dd > 名词 2 解释 2 < /dd >
          …

< /dl >
```

任务实践 1 – 8 定义列表标记的应用

任务描述：实现一个定义列表效果。页面效果如图 1 – 17 所示。

图 1 – 17 定义列表标记的使用页面效果

任务分析：

根据任务要求，在页面主体 < body > 中嵌入定义列表标记 < dl >，其中嵌套两对 < dt > 和 < dd > 标记，并输入内容。

任务实施：

```
1   < !DOCTYPE html >
2   < html >
3     < head >
4         < meta charset = "UTF – 8" >
5         < title > 定义列表标记的应用 < /title >
6     < /head >
7   < body >
8         < dl >
9          < dt > HBuilder < /dt >
10            < dd > HBuilder 是 DCloud(数字天堂)推出的一款支持 HTML5 的 Web 开发 IDE.
11  < /dd >
12          < dt > Dreamweaver < /dt >
13            < dd > Dreamweaver 最初由美国 MACROMEDIA 公司开发 ,2005 年被 Adobe 公司
14                收购。Dreamweaver 是集网页制作和网站管理于一身的所见即所得网页代
15                码编辑器。
16            < /dd >
17        < /dl >
18  < /body >
19  < /html >
```

任务1.8　结构化标记

为了使文档的结构更加清晰，HTML5 新增了一些结构化标记，也称为语义化标记。这些语义化标记可以使开发人员语义化地创建文档，而在 HTML4 之前，开发人员在实现一些功能时，还需要使用 < div > 标记。

HTML5 的结构化标记包括 < header > 标记、< nav > 标记、< main > 标记、< section > 标记、< article > 标记、< aside > 标记、< footer > 标记等。

1.8.1　< header > 标记

< header > 标记是具有引导作用的辅助元素，用于定义网页内容的头部。常用来放置页面标题、Logo 图片或搜索表单等。一个页面可以含有多个 < header > 标记。< header > 标记是双标记，由 < header > 标记开始，以 < /header > 标记结束。其语法格式如下：

```
< header > 内容、标题 < /header >
```

任务实践1−9　< header > 标记的使用

任务描述：页面呈现网页 Logo 图片。页面效果如图 1−18 所示。

图 1−18　< header > 标记的使用页面效果

任务分析：

根据任务要求，在页面主体 < body > 中嵌入 < header > 标记，其中嵌套 < img > 标记。

任务实施：

```
1  < ! DOCTYPE html1 >
2  < html >
3    < head >
4       < meta charset = "UTF−8" >
5       < title >header 标记的使用 < /title >
6    < /head >
7  < body >
8       < header >
9          < img src = "img/1−2.png" / >
10      < /header >
11 < /body >
12 < /html >
```

1.8.2 <nav>标记

nav 是 navigation 的缩写，意思为导航功能，<nav>标记用于定义导航链接部分，该标记把具有导航功能的链接归整到一个区域内。一个页面可以含有多个<nav>标记。<nav>标记通常适用于传统的导航条、侧边栏导航、页内导航（在本页面几个主要的组成部分之间进行跳转）和翻页操作（通过单击"上一页"或"下一页"按钮进行切换，也可以通过单击页码跳转切换）。<nav>标记是双标记，由<nav>标记开始，以</nav>标记结束。其语法格式如下：

```
<nav>导航链接部分内容</nav>
```

任务实践 1-10　<nav>标记的使用

任务描述：页面呈现简单导航栏。页面效果如图 1-19 所示。

图 1-19　<nav>标记的使用页面效果

任务分析：

根据任务要求，在页面主体<body>中嵌入<nav>标记，在<nav>标记中嵌套无序列表标记，最后在无序列表标记中嵌套<a>标记。

任务实施：

```
1  <!DOCTYPE html>
2  <html>
3    <head>
4        <meta charset="UTF-8">
5        <title>nav标记的使用</title>
6    </head>
7  <body>
8        <nav>
9            <ul>
10               <li><a href="#">网站首页</a></li>
11               <li><a href="#">企业简介</a></li>
12               <li><a href="#">产品介绍</a></li>
13               <li><a href="#">企业文化</a></li>
14               <li><a href="#">招聘信息</a></li>
15           </ul>
16       </nav>
17   </body>
18 </html>
```

1.8.3 ＜main＞标记

＜main＞标记用于呈现页面的主体部分。＜main＞标记内的内容对于文档应该是唯一的。它不应包含在侧边栏、导航链接、版权信息、网站 logo 和搜索表单等网页中重复的任何内容内。网页中不能有多个＜main＞元素，它具有唯一性。

＜main＞标记是双标记，由＜main＞标记开始，以＜/main＞标记结束。其语法格式如下：

```
＜main＞页面主体内容＜/main＞
```

任务实践1－11　＜main＞标记的使用

任务描述：利用＜main＞标记实现如图1－20所示的页面效果。

图1－20　＜main＞标记的使用页面效果

任务分析：

①根据任务要求，在页面主体＜body＞中嵌入＜main＞标记，在＜main＞标记中嵌套＜h1＞、＜p＞及3对＜article＞标记。

②在上述每对＜article＞标记中嵌套＜h1＞、＜p＞标记。

③在页面主体＜body＞中嵌入＜p＞标记，在＜p＞标记中嵌入＜strong＞标记。

任务实施：

```
1  ＜! DOCTYPE html＞
2  ＜html＞
3    ＜head＞
4      ＜meta charset = "UTF－8"＞
5      ＜title＞main 标记的使用＜/title＞
```

```
6   < /head >
7   < body >
8    < main >
9     <h1 >Web 浏览器 < /h1 >
10      <p >谷歌 Chrome,Firefox 和 Internet Explorer 是当今使用最多的浏览器。< /p >
11      < article >
12          < h1 >谷歌 Chrome < /h1 >
13          <p >Google Chrome 是由 Google 开发的免费开源网络浏览器,于 2008 年发布。< /p >
14      < /article >
15      < article >
16          < h1 >Internet Explorer < /h1 >
17          <p >Internet Explorer 是 Microsoft 的免费 Web 浏览器,于 1995 年发布。< /p >
18      < /article >
19      < article >
20          <h1 >Mozilla 火狐 < /h1 >
21          <p >Firefox 是 Mozilla 的免费开源 Web 浏览器,于 2004 年发布。< /p >
22      < /article >
23    < /main >
24    <p >< strong >注意:< /strong > Internet Explorer 11 和早期版本不支持 main 标签。< /p >
25   < /body >
26  < /html >
```

1.8.4 < section >标记

< section >标记用于划分网页内容的独立部分。它可以包含类似主题的一组内容,例如一个章节、一个段落或一个主题区域。一个页面可以含有多个 < section >标记。< section >标记是双标记,由 < section >标记开始,以 < /section >标记结束。其语法格式如下:

```
< section >内容 < /section >
```

任务实践 1 – 12   < section >标记的使用

任务描述:利用 < section >标记完成网页内容。页面效果如图 1 – 21 所示。

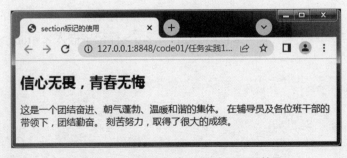

图 1 – 21   < section >标记的使用页面效果

任务分析：

根据任务要求，在页面主体＜body＞中嵌入＜section＞标记，其中嵌套＜h1＞和＜p＞标记，并输入内容。

任务实施：

```
1  <！DOCTYPE html >
2  <html >
3      <head >
4          <meta charset = "UTF - 8" >
5          <title >section 标记的使用 </title >
6      </head >
7      <body >
8          <section >
9              <h1 >信心无畏,青春无悔 </h1 >
10             <p >这是一个团结奋进、朝气蓬勃、温暖和谐的集体。
11             在辅导员及各位班干部的带领下,团结勤奋。
12             刻苦努力,取得了很大的成绩。
13             </p >
14         </section >
15     </body >
16 </html >
```

1.8.5　＜article＞标记

＜article＞标记代表文档、页面或应用程序中独立的、完整的、可以独自被外部引用的内容。这些内容可以是一篇博客或报刊中的文章、一篇论坛帖子、一段用户评论等。一个页面可以含有多个＜article＞标记。＜article＞标记是双标记，由＜article＞标记开始，以＜/article＞标记结束。其语法格式如下：

```
<article >内容 </article >
```

任务实践 1 – 13　＜article＞标记的使用

任务描述：利用＜article＞标记完成文章评论内容。页面效果如图 1 – 22 所示。

图 1 – 22　＜article＞标记的使用页面效果

任务分析：

①根据任务要求，在页面主体＜body＞中嵌入＜article＞标记，其中嵌套＜header＞和

< section > 标记。

②在上述 < section > 标记中嵌套 < p > 标记。

任务实施：

```
1  <!DOCTYPE html >
2  <html >
3    <head >
4        <meta charset = "UTF - 8 " >
5        <title >article 标记的使用 </title >
6    </head >
7  <body >
8        <article >
9            <header >
10               评论者:张三
11           </header >
12           <section >
13             <p >快,是 HBuilder 的最大优势,通过完整的语法提示、代码输入法、代码块
14 等。</p >
15           </section >
16       </article >
17   </body >
18  </html >
```

1.8.6 < aside > 标记

< aside > 标记用于表示和其余页面内容几乎无关的部分，被认为是独立于该内容的一部分并且可以被单独地拆分出来而不会使整体受影响。一个页面可以含有多个 < aside > 标记。

< aside > 标记的用法包括两种：一种是嵌套在 < article > 标记中，作为主要内容的附属信息，表示与当前文章相关的参考资料等；另一种是在 < article > 标记之外使用，作为页面和站点全局的附属信息部分，常以侧边栏的形式呈现，其中多为广告或者友情链接等内容。

< aside > 标记是双标记，由 < aside > 标记开始，以 </aside > 标记结束。其语法格式如下：

```
<aside >内容 </aside >
```

任务实践 1 - 14   < aside > 标记的使用

任务描述：利用 < aside > 标记实现友情链接栏目。页面效果如图 1 - 23 所示。

图 1 - 23   < aside > 标记的使用页面效果

任务分析：

根据任务要求，在页面主体 < body > 中嵌入 < aside > 标记，在 < aside > 标记中嵌套 < h3 > 和 < a > 标记。

任务实施：

```
1   <!DOCTYPE html >
2   <html >
3       <head >
4           <meta charset = "UTF - 8 ">
5           <title >aside 标记的使用 </title >
6       </head >
7       <body >
8           <aside >
9               <h3 >友情链接 </h3 >
10              <a href = "https://jyt.ln.gov.cn/" >辽宁省教育厅 </a >
11              <a href = "https://kjt.ln.gov.cn/" >辽宁省科学技术厅 </a >
12              <a href = "https://rst.ln.gov.cn/" >辽宁省人力资源和社会保障厅 </a >
13          </aside >
14      </body >
15  </html >
```

1.8.7　< footer >标记

< footer >标记用于表示一个页面或者区域的底部内容，通常包括作者信息、版权信息、使用条款链接等。一个页面可以含有多个 < footer > 标记。< footer > 标记是双标记，由 < footer >标记开始，以 </footer > 标记结束。其语法格式如下：

```
<footer >底部内容或脚注 </footer >
```

任务实践1 – 15　HTML5 结构化标记的应用

任务描述：利用结构化标记制作简单页面。页面效果如图 1 – 24 所示。

图 1 – 24　HTML5 结构化标记的使用页面效果

任务分析：

根据任务要求，在页面主体 < body > 中嵌入 < header > 标记、< nav > 标记、< article > 标记、< footer >标记。

任务实施：

```
1  <!DOCTYPE html>
2  <html>
3    <head>
4        <meta charset="UTF-8">
5        <title>HTML5 结构化标记的使用</title>
6    </head>
7    <body>
8        <header>
9            标题、Logo 内容
10       </header>
11       <nav>
12           导航栏链接
13       </nav>
14       <article>
15           文章内容
16       </article>
17       <footer>
18           版权所有(c) Copyright 2019 Administrator. All Rights Reserved.
19       </footer>
20   </body>
21 </html>
```

任务 1.9 分组标记

分组标记表示将页面内容进行分组，HTML5 中用于表示分组的标记有 < figure > 标记、< figcaption > 标记和 < hgroup > 标记。

1.9.1 < figure > 标记

< figure > 标记用于定义独立的流内容（图像、图表、照片或代码等），一般指一个单独的单元。< figure > 标记定义的内容应该与主内容相关，但如果该内容被删除，也不会对文档流产生影响。

一个页面可以含有多个 < figure > 标记。< figure > 标记是双标记，由 < figure > 标记开始，以 </figure > 标记结束。其语法格式如下：

```
<figure>内容</figure>
```

1.9.2 < figcaption > 标记

< figcaption > 标记用于为 < figure > 标记添加标题，该标记应该放在 < figure > 标记的第

一个或者最后一个子标记的位置，一个 < figure > 标记内最多允许使用一个 < figcaption > 标记。< figcaption > 标记是双标记，由 < figcaption > 标记开始，以 < /figcaption > 标记结束。其语法格式如下：

```
< figcaption >插图标题 < /figcaption >
```

任务实践 1 – 16　　< figure >标记和 < figcaption >标记的使用

任务描述：利用 < figure > 标记和 < figcaption > 标记实现如图 1 – 25 所示效果。

图 1 – 25　　< figure >标记和 < figcaption >标记的使用页面效果

任务分析：

根据任务要求，在页面主体 < body > 中嵌入 < figure > 标记，其中嵌套 < figcaption >、< img > 和 < p > 标记。

任务实施：

```
1  <!DOCTYPE html >
2  <html >
3    <head >
4       < meta charset = "UTF - 8" >
5       <title > figure 标记和 figcaption 标记的使用 < /title >
6    < /head >
7  < body >
8     < figure >
9        < figcaption >辽宁生态工程职业学院 < /figcaption >
10       < img src = "img/1 -16.jpg" />
11 <p >辽宁生态工程职业学院是一所省属公办全日制高等职业院校,学校前身为辽宁水利
12 职业学院和辽宁林业职业技术学院,两校均始建于1951 年,建校时两校分别为东北水利
13 专科学校和东北林业专科学校。
14       < /p >
15    < /figure >
16    < /body >
17 < /html >
```

1.9.3 ＜hgroup＞标记

＜hgroup＞标记用于将多个标题（主标题和副标题或子标题）组成一个标题组，通常它与＜h1＞～＜h6＞标记组合或与＜figcaption＞标记组合使用。＜hgroup＞标记是双标记，由＜hgroup＞标记开始，以＜/hgroup＞标记结束。其语法格式如下：

```
＜hgroup＞内容＜/hgroup＞
```

任务实践 1 – 17　＜hgroup＞标记的使用

任务描述：利用＜hgroup＞标记实现如图 1 – 26 所示的页面效果。

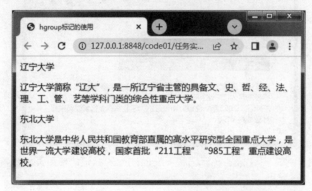

图 1 – 26　＜hgroup＞标记的使用页面效果

任务分析：

根据任务要求，在页面主体＜body＞中嵌入＜hgroup＞标记，其中嵌套＜figcaption＞标记和＜p＞标记。

任务实施：

```
1  ＜!DOCTYPE html＞
2  ＜html＞
3    ＜head＞
4        ＜meta charset = "UTF – 8"＞
5        ＜title＞hgroup 标记的使用＜/title＞
6    ＜/head＞
7    ＜body＞
8     ＜hgroup＞
9        ＜figcaption＞辽宁大学＜/figcaption＞
10        ＜p＞辽宁大学简称"辽大"，是一所辽宁省主管的具备文、史、哲、经、法、理、工、管、艺等学
11        科门类的综合性重点大学。＜/p＞
12        ＜figcaption＞东北大学＜/figcaption＞
13        ＜p＞东北大学是中华人民共和国教育部直属的高水平研究型全国重点大学，是世界一流
14        大学建设高校，国家首批"211 工程""985 工程"重点建设高校。＜/p＞
15     ＜/hgroup＞
16    ＜/body＞
17 ＜/html＞
```

任务 1.10 内容交互标记

内容交互标记 < details > 用于文档的标题、细节、内容的交互显示。其常与 < summary > 标记配合使用。在默认情况下，< details > 标记中的内容是不显示的，当和 < summary > 标记配合使用时，单击 < summary > 标记后，才显示 < details > 标记中设置的内容。其语法格式如下：

```
<details >
    <summary >显示内容标题 </summary >
    显示内容
</details >
```

任务实践 1-18 内容交互标记的使用

任务描述：利用内容交互标记实现如图 1-27 和图 1-28 所示的页面效果。

图 1-27 页面默认效果

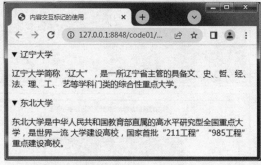

图 1-28 分别单击"辽宁大学"和"东北大学"后的页面效果

任务分析：

根据任务要求，在页面主体 < body > 中嵌入两对 < details > 标记，其中分别嵌套 < summary > 和 < p > 标记。

任务实施：

```
1  <!DOCTYPE html >
2  <html >
3    <head >
4        <meta charset = "UTF -8 " >
5        <title >内容交互标记的使用 </title >
6    </head >
7    <body >
```

```
8        <details>
9              <summary>辽宁大学</summary>
10             <p>辽宁大学简称"辽大",是一所辽宁省主管的具备文、史、哲、经、法、理、工、
11             艺等学科门类的综合性重点大学。</p>
12       </details>
13       <details>
14             <summary>东北大学</summary>
15             <p>东北大学是中华人民共和国教育部直属的高水平研究型全国重点大学,是世界
16             一流大学建设高校,国家首批"211 工程""985 工程"重点建设高校。</p>
17       </details>
18  </body>
19 </html>
```

项目分析

从页面效果可以看出,该健步走页面由头部(<header>)、banner 模块(<section>)、主体内容模块(<main>)和版尾(<footer>)等部分构成,页面标注如图 1-29 所示,页面结构如图 1-30 所示。

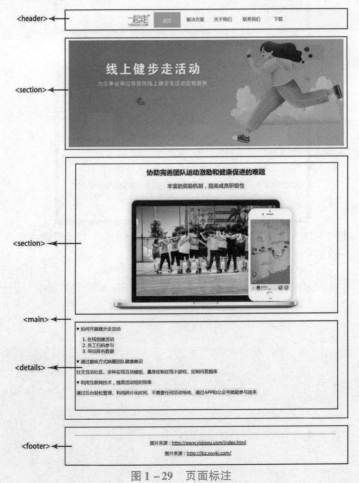

图 1-29   页面标注

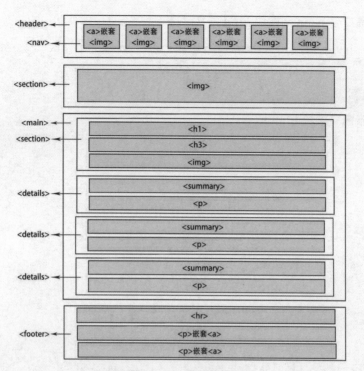

图1-30 页面结构

该页面的实现细节具体分析如下：

①页面头部由<header>标记嵌套<nav>标记、<nav>标记嵌套<a>标记、<a>标记嵌套<img>标记构成；

②横幅广告模块由<section>标记嵌套<img>标记构成；

③主体内容模块由<main>标记嵌套<section>和3对<details>标记构成，<details>标记用来实现内容的交互；

④版尾由<footer>标记嵌套<hr>标记和两对<p>标记构成；

⑤各模块内的内容居中显示可以采用属性style="text-align: center;"来实现。

项目实施

1. 制作头部html结构

```
1  <header>
2      <nav style = "text -align: center;">
3          <a href = "#"> <img src = "img/1 -2.png" /> </a>
4          <a href = "#####"> <img src = "img/1 -3.png" /> </a>
5          <a href = "####"> <img src = "img/1 -4.png" /> </a>
6          <a href = "###"> <img src = "img/1 -5.png" /> </a>
7          <a href = "##"> <img src = "img/1 -6.png" /> </a>
8          <a href = "#"> <img src = "img/1 -7.png" /> </a>
9      </nav>
10 </header>
```

2. 制作横幅广告 banner 模块 html 结构

```
1  < section style = "text - align: center;" >
2                    < img src = "img/1 - 1.png" width = "1000px" />
3  < /section >
```

3. 制作主体内容模块 html 结构

```
1   < main >
2       < section style = "text - align: center;" >
3           < h1 >
4               协助完善团队运动激励和健康促进的难题
5           < /h1 >
6           < h3 style = "color:grey;" >
7               丰富的奖励机制,提高成员积极性
8           < /h3 >
9           < img src = "img/1 - 8.png" alt = "" >
10      < /section >
11      < details >
12          < summary > 如何开展健步走活动 < /summary >
13          < ol >
14              < li > 在线创建活动 < /li >
15              < li > 员工扫码参与 < /li >
16              < li > 导出排名数据 < /li >
17          < /ol >
18      < /details >
19      < details >
20          < summary > 通过趣味方式唤醒团队健康意识 < /summary >
21          < p > 社交互动社区、多种在线互动模板、量身定制在线小游戏、定制问答题库 < /p >
22      < /details >
23      < details >
24          < summary > 利用互联网技术提高活动组织效率 < /summary >
25          < p > 通过后台轻松管理、利用碎片化时间、不需要任何活动场地、通过 APP 和公
26              众号就能参与进来 < /p >
27      < /details >
28  < /main >
```

4. 制作版尾 footer 模块 html 结构

```
1  < footer style = "text - align: center;" >
2    < hr >
3    < p > 图片来源:< a href = "http://www.yiqizou.com/index.html" >http://www.yiqizou.
4        com/index.html < /a > < /p >
```

```
5      <p>图片来源:<a href = "http://jbz.xwykj.com/">http://jbz.xwykj.com/</a></p>
6  </footer>
```

项目实训

实训目的

1. 进一步熟练使用 HTML5 标签。

2. 灵活运用 HTML5 结构化标签、内容交互标签。

实训内容

设计一个 HBuilder 展示页面,如图 1-31 所示。

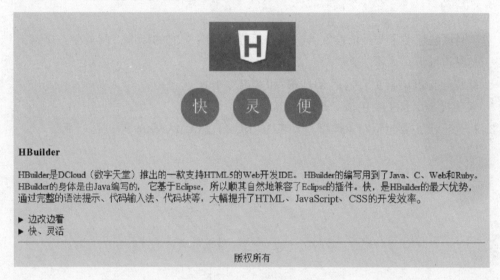

图 1-31　页面效果

项目小结

通过本项目的学习,读者能够了解 HTML5 文档的基本结构,并且能够熟练运用文本控制元素、图像控制元素、超链接元素、列表元素、结构元素、分组元素及内容交互元素。

本项目注意事项:

1. 换行标记的 Web 标准是 <br/>,如果仅使用
 而没有 "/",虽然效果相同,但是不符合 W3C 标准。

2. 在 HTML4.01 中,所有标记的 align 属性已废弃,HTML5 不支持所有标记的 align 属性,若要设置对齐,需使用 CSS 代替。

3. 尽量不要使用图像标记 <img/> 的 border、vspace、hspace 及 align 属性,可用 CSS 样式替代。

4. 网页设计中,装饰性的图像都不要直接使用 <img/> 标记,而是通过 CSS 设置背景图像来实现。

5. HTML5 不支持超链接标记 <a> 的 name 属性 (规定锚的名称)。

6. 超链接图像在低版本的 IE 浏览器中会添加边框效果，若要去掉边框，只需将边框样式定义为 0 即可。

7. HTML5 不再支持无序列表元素 ul 的 type 属性修改列表项的显示方式，可用 CSS 样式替代。

8. 文本控制标签 < font > 已经被 HTML5 所抛弃，新的页面中不应该再出现如 < font color = "red" > < / font > 的写法，可用 CSS 样式替代。

拓展阅读

W3C 的全称是万维网联盟（World Wide Web Consortium），它是一些标准化的集合，并不是单纯的指某一种标准，它是对 Web 的一个标准化，目的就是可以让所有的用户都能够利用 Web。

对于网页的标准主要是依赖网页的组成部分来分为对应的标准，网页由三个部分组成：结构、表现和行为。

1. 结构化标准语言主要包括 XHTML 和 XML。

2. 表现标准语言主要包括 CSS。

3. 行为标准主要包括对象模型（如 W3C DOM）、ECMAScript 等。

项目 2
故宫讲坛网页设计

项目目标

能力目标：

会链入外部样式文件。

能够运用 CSS 基础选择器选择页面元素。

能够运用属性选择器为页面中的元素添加样式。

能够准确判断元素与元素间的关系。

能够为相同名称的元素定义不同样式。

能够运用相应的字体及文本属性定义样式。

能够区分复合选择器权重的大小。

知识目标：

理解 CSS 的概念及主要思想。

了解 CSS3 的发展历史及主流浏览器的支持情况。

掌握引入 CSS 样式的方法及语法格式。

掌握 CSS 基础选择器的用法。

掌握关系选择器的用法。

掌握属性选择器的用法。

掌握结构化伪类选择器的用法。

掌握伪元素选择器的用法。

掌握 CSS 伪类的使用方法。

熟悉 CSS 字体样式属性和文本样式属性。

理解 CSS 层叠性、继承性和优先级。

素质目标：

培养学生的传统文化素养。

培养学生的爱国情怀。

帮助学生树立远大理想和正确人生观。

项目背景

北京故宫博物院，创建于 1925 年 10 月 10 日，是在明清皇宫及其收藏基础上建立起来的大型综合性古代艺术博物馆，也是中国最大的古代文化艺术博物馆。受学习、工作、天气等因素的影响，许多参观者不能亲自到场参观，因此，我们将通过数字互联网带着大家走进故宫，感受故宫的春意之美，建筑之美，空灵之美。同时，了解故宫承载的传统文化，汲取文化的力量，祝愿我们伟大的祖国国泰民安。

本项目主要使用 CSS3 选择器技术来美化故宫讲坛页面，本项目也将带领大家回顾 HTML5 的相关知识。项目默认效果如图 2 - 1 所示。当鼠标指针悬停在导航栏选项时，该选项的文本颜色发生变化，并且添加下划线效果，如图 2 - 2 所示。当单击各个导航项时，页面下部会出现故宫展品的介绍内容，如单击"陶瓷"选项，效果如图 2 - 3 所示。

图 2 - 1　项目默认效果

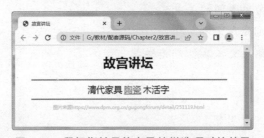

图 2 - 2　鼠标指针悬停在导航栏选项时的效果

图 2 - 3　陶瓷介绍页面效果

德育内容：

①融入德育元素"故宫讲坛"加强大学生群体在优秀传统文化素养方面的培养，能够

有效帮助其树立起更加坚定的文化自信，使其具有更加丰富的人文素养。

②融入德育元素"清代家具""陶瓷""木活字"，引导学生跟随时代发展，做到不断地变通与创新。

项目知识

任务2.1　初识 CSS

2.1.1　CSS 概述

20 世纪 90 年代，蒂姆·伯纳斯·李（Tim Berners - Lee）发明万维网，创造 HTML 超文本标记语言。此后网页样式便以各种形式存在，不同的浏览器有自己的样式语言来控制页面的效果，因为最原始的 Web 版本中根本没有提供网页装饰的方法。图 2-4 所示是第一个浏览器 ViolaWWW 中的网页。

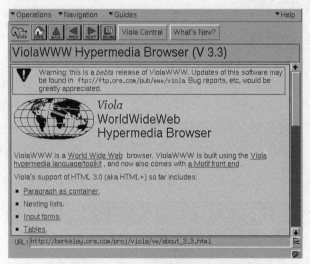

图 2-4　ViolaWWW 浏览器中的网页

随着 HTML 的成长，为了满足网页设计者的要求，HTML 添加了很多属性，以达到显示功能，但 HTML 变得越来越杂乱，代码变得越来越多，内容和样式混在一起，可读性差。代码片段如图 2-5 所示。由此，CSS 应运而生。

```
<MULTICOL COLS="3" GUTTER="25">
  <P><FONT SIZE="4" COLOR="RED">This would be some font broken up into columns</FONT></P>
</MULTICOL>
```

图 2-5　添加属性代码片段

CSS（Cascading Style Sheets，层叠样式表）是一种用来表现 HTML 或 XML 等文件样式的计算机语言。其是一种标记语言，属于浏览器解释型语言，可以直接由浏览器执行，不需要编译。也就是说，CSS 是一种向 HTML 文档里添加样式（比如字体、颜色、间距）的方式。如果将 HTML 看成一个人，CSS 就是一个化妆师，其工作就是给用户化妆，使用户变漂亮。

CSS 的主要思想是样式与内容的分离，即在网页设计中，CSS 负责网页内容的表现，即定义网页内容的样式，如定义文本的字符间距、对齐文本、对文本进行缩进等，而 HTML 则负责定义网页的内容。

2.1.2　CSS 发展史

CSS 历史上并没有版本的概念，有的只是"级别"（level）的概念。CSS 自 1996 年 12 月发展至今，已经出现了 4 个级别，分别是 CSS1、CSS2、CSS2.1、CSS3，每个级别都以上一个级别为基础。CSS3 与 CSS 相比，增加了许多新属性，例如圆角效果、图形化边界、块阴影与文字阴影、使用 rgba( ) 实现透明效果、渐变效果、使用@Font－Face 实现定制字体、多背景图、文字或图像的变形处理（旋转、缩放、倾斜、移动）、多栏布局、媒体查询等。此外，CSS3 还新增了许多选择器，可以使用户更加便捷、更加自由地选择目标元素。

2.1.3　CSS3 浏览器支持情况

浏览器是网页运行的平台，负责解释网页源代码。目前常用的浏览器有谷歌、IE、火狐、Safari 和 Opera 等。

CSS3 带来了众多全新的设计体验，但是并不是所有的浏览器都完全支持它。由于各浏览器厂商对 CSS3 各属性的支持程度不一样，因此，在标准尚未明确的情况下，会用厂商的前缀加以区分，通常把这些加上私有前缀的属性称为"私有属性"。各主流浏览器都定义了自己的私有属性，以便让用户更好地体验 CSS 的新特性。图 2-6 列举了各主流浏览器的私有前缀。

相关浏览器	私有前缀
IE8/ IE9/ IE10	-ms
谷歌（Chrome）/Safari	-webkit
火狐（Firefox）	-moz
Opera	-o

图 2-6　主流浏览器私有前缀

任务 2.2　CSS 核心基础

2.2.1　CSS 语法规则

使用 HTML 时，需要遵从一定的规范，CSS 亦如此。CSS 语法规则如下：

```
选择器{属性1:属性值1;属性2:属性值2;…属性n:属性值n;}
```

在上述语法规则中，选择器是指定 CSS 样式作用的 HTML 对象，大括号内是对该对象设置的具体样式，属性是对指定的对象设置的样式属性，如字体大小、文本颜色等。属性值是属性具体的值，属性和属性值之间用半角 ":" 连接，多对属性和属性值之间用半角 ";" 进行分隔。例如，通过 CSS 样式对 <p> 标签进行控制，具体如下。

```
P{color:red;font-size:48px;}
```

上述代码是一个完整的 CSS 样式。其中，p 为选择器，表示 CSS 样式作用的 HTML 对象是 <p> 标记，color 和 font-size 为 CSS 属性，分别表示文字颜色和字体大小，red 和 48 px 是它们的值。这条 CSS 样式所呈现的效果是页面中的段落文字颜色为红色，字体大小为 48 像素。

在书写 CSS 样式时，除了要遵循 CSS 样式规则，还必须注意 CSS 代码结构中的几个特点，具体如下。

①CSS 样式中的选择器严格区分大小写，属性和值不区分大小写。按照书写习惯，一般 "选择器、属性和值" 都采用小写的方式。

②多个属性之间必须用半角分号隔开，最后一个属性后的分号可以省略，但是为了便于增加新样式，最好保留。

③如果属性的值由多个单词组成且中间包含空格，则必须为这个属性值加上半角引号。

④在编写 CSS 代码时，为了提高代码的可读性，通常会加上 CSS 注释。

⑤在 CSS 代码中，空格是不被解析的，花括号及分号前后的空格可有可无。

2.2.2 引入 CSS 样式

CSS 样式可以直接建立在 HTML 文件中，也可以建立一个单独的样式表文件，并将其引入 HTML 文件中。CSS 样式的设置方式有三种：行内样式、内嵌样式和外部样式。

1. 行内样式

行内样式也称为内联样式，其样式是直接设置在要修饰的 HTML 标记中的。语法格式如下：

```
<标记名 style="属性1:属性值1;属性2:属性值2;…属性n:属性值n;">内容</标记名>
```

行内样式的特点是灵活、简单方便，但定义的 CSS 样式只对使用了 style 属性的标记起作用。

任务实践 2-1 行内样式

任务描述：设计一个页面，页面中显示两行文本，通过行内样式为其中一行文本添加样式：文本颜色红色、字体大小 30 像素、文本加下划线；另一行文本样式使用默认样式。页面效果如图 2-7 所示。

任务分析：

①根据任务要求，在页面主体 <body> 中嵌入两对 <p> 标签。

②设置第一个 <p> 标签的行内样式。

图 2 – 7　行内样式页面效果

任务实施：

```
1  <!DOCTYPE html >
2  <html >
3    <head >
4        <meta charset = "UTF – 8" >
5        <title >行内样式</title >
6    </head >
7    <body >
8        <p style = "color: red; font – size: 30px; text – decoration: underline;" >
9            行内样式</p >
10       <p >我没有定义行内样式</p >
11   </body >
12 </html >
```

2. 内嵌样式

CSS 样式内容以代码的形式集中写在 HTML 的头部标记 < head > 中，并且用 < style > 标记进行定义，语法格式如下：

```
<style type = "text/css" >
     选择器{属性1:属性值1; 属性2:属性值2;…属性n:属性值n;}
</style >
```

内嵌样式的特点是一个样式可以在一个页面被多次使用。

任务实践 2 – 2　内嵌样式

任务描述：设计一个页面，页面中显示两行文本，通过内嵌样式为两行文本添加相同的样式：文本颜色红色、字体大小 30 像素、文本加下划线。页面效果如图 2 – 8 所示。

图 2 – 8　内嵌样式页面效果

任务分析：

①根据任务要求，在页面主体 < body > 中嵌入两对 < p > 标签。

②设置 < p > 标签的内嵌样式。

任务实施：

```
1  <!DOCTYPE html >
2  <html >
3    <head >
4      <meta charset = "UTF - 8" >
5      <title >内嵌样式 </title >
6      <style type = "text/css" >
7          p{ color:red; font - size: 30px; text - decoration: underline;}
8      </style >
9    </head >
10   <body >
11     <p >我定义了内嵌样式 </p >
12     <p >我也定义了内嵌样式 </p >
13   </body >
14 </html >
```

3. 外部样式

外部样式也称为链入式，是将所有的 CSS 样式内容以代码的形式集中写在一个或多个以 .css 为扩展名的外部样式表文件中，再通过 HTML 的链接外部资源 < link/ > 标签将外部样式表 .css 文件链接到 HTML 文档中（< link/ > 标签写在 < head > 与 </head > 标签之间）。

CSS 外部样式表语法格式如下：

选择器{属性1:属性值1；属性2:属性值2；…属性 n:属性值 n；}

HTML 文档链接外部样式表语法格式如下：

< link href = "CSS 文件路径和名字" type = "text/css" rel = "stylesheet" />

上述语法格式中的 href 属性用于定义所链接外部样式表文件的路径和名字，可以是相对路径，也可以是绝对路径；type 属性用于定义所链接文档的类型，在这里指定为 text/css，表示所链接的文档是 CSS 样式表；rel 属性用于定义当前文档与被链接文档的关系，在这里指定为 stylesheet，表示被链接的文档是一个样式表文件。

外部样式的特点是一个外部样式表文件可以被多个网页共同引用，既可以减少代码，又可以统一页面风格。

任务实践 2 - 3　外部样式

任务描述：设计一个页面，页面中显示一行文本，通过外部样式为该文本添加样式：文本颜色红色、字体大小 30 像素、文本加下划线。页面效果如图 2 - 12 所示。

任务分析：

①根据任务要求，在页面主体 < body > 中嵌入 < p > 标签；

②创建 CSS 样式表文件；

③在上述样式表文件内设置 < p > 标签的 CSS 样式；

④在 < head > 标签中嵌入 < link > 标签链接上述 CSS 样式表文件。

任务实施：

①新建一个项目，并在该项目的 html 文档的页面主体 < body > 中嵌入 < p > 标签，代码如下：

```
1  <!DOCTYPE html >
2  <html >
3    <head >
4        <meta charset = "UTF - 8" >
5        <title > 外部样式 </title >
6    </head >
7    <body >
8        <p > 我是外部样式,使用链接外部资源元素 link 可以把 CSS 样式表文件链接到 HTML 文
9            档中 </p >
10   </body >
11 </html >
```

保存此 html 文档。

②创建 CSS 样式表文件。右击 CSS 文件夹，选择"新建"→"CSS 文件"命令，弹出"新建 CSS 文件"窗口，在默认的蓝色输入框中输入"2 - 3"，如图 2 - 9 所示，单击"创建"按钮。

图 2 - 9　创建 CSS 样式表文件

③输入 CSS 样式。在创建的 CSS 样式表文件中输入如图 2 - 10 所示的代码。

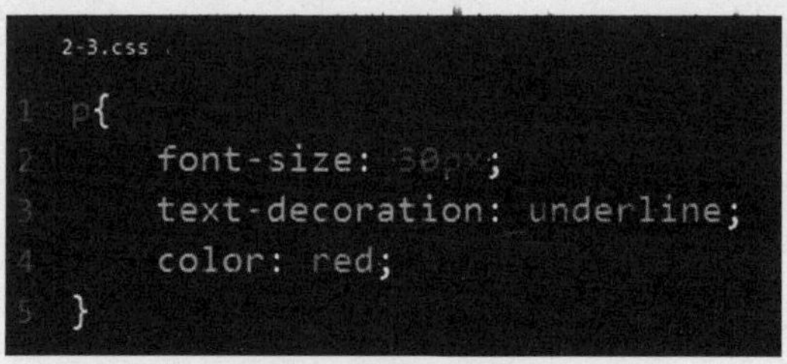

```
2-3.css
1  p{
2      font-size: 30px;
3      text-decoration: underline;
4      color: red;
5  }
```

图 2 - 10　输入 CSS 样式

④链接 CSS 样式表文件。在第①步 html 文档的起始标记 < head > 和结束标记 < /head > 之间添加 < link/ > 标记，并输入相应属性及属性值，如图 2 – 11 所示。

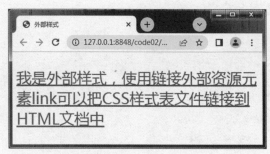

图 2 – 11　链接 CSS 样式表文件

保存并运行 HTML 文档，效果如图 2 – 12 所示。

图 2 – 12　外部样式页面效果

任务 2.3　CSS 基础选择器

在 CSS 中，选择器是指定 CSS 样式作用的 HTML 对象，用于选择需要添加样式的元素。CSS 基础选择器包括标记选择器、id 选择器、class 选择器、通配符选择器、并集选择器、后代选择器、标签指定选择器、属性选择器等。

1. 标记选择器

标记选择器是以 HTML 标记作为选择器的，其作用范围是所有符合条件的 HTML 标记。在 2.2.1 节和 2.2.2 节中涉及的选择器均属于标记选择器。

2. id 选择器

id 选择器使用 HTML 标记的 id 属性值作为选择器。id 选择器可以为标有特定 id 属性的 HTML 标记指定特定的样式，id 选择器以 "#" 来定义。id 选择器可以实现为相同的元素定义不同的样式。

任务实践 2 – 4　id 选择器的应用

任务描述：设计一个页面，页面中显示两段内容，为这两段内容设置不同的字体颜色样式，其他样式均一致。页面效果如图 2 – 13 所示。

图 2 - 13   id 选择器的应用页面效果

任务分析：

①根据任务要求，在页面主体 < body > 中嵌入两对 < p > 标签。

②分别为两对 < p > 标签定义不同的 id 属性。

③用 "#" 定义 id 选择器，并设置字体颜色。

任务实施：

```
1  <!DOCTYPE html >
2    <html >
3    <head >
4        <meta charset = "UTF - 8" >
5        <title >id 选择器的应用 </title >
6        <style type = "text/css" >
7              #red {color:red;}
8              #green {color:green;}
9        </style >
10   </head >
11   <body >
12       <p id = "red" >这个段落是红色。</p >
13       <p id = "green" >这个段落是绿色。</p >
14   </body >
15 </html >
```

注意：

①id 选择器的名称可以由数字、英文字符、下划线组成，数字不可以作为选择器名称的开头，在企业开发中，一般使用英文字符作为开头；

②id 选择器区分大小写；

③id 选择器相当于人的身份证，拥有唯一性；

④id 选择器不能使用词列表，不能将两个词结合使用，因为 id 属性不允许有以空格分隔的词列表，例如，不能出现这样的代码写法：< p id = " box abc" > </p > ，因为 box 和 abc 是两个词。

3. class 选择器

class 选择器使用 HTML 标记的 class 属性值作为选择器。class 选择器以 " . " 来定义。class 选择器既可以为不同元素定义相同的样式，又可以为相同元素定义不同的样式。

任务实践 2 – 5　class 选择器的应用

任务描述：设计一个页面，页面中显示一行标题文本、一个段落文本，为这两行文本设置相同的字体颜色样式。页面效果如图 2 – 14 所示。

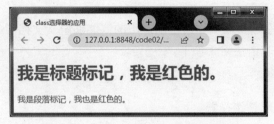

图 2 – 14　class 选择器的应用页面效果

任务分析：

①根据任务要求，在页面主体 < body > 中嵌入一对 < h1 > 标签、一对 < p > 标签。

②分别为 < h1 > 标签、< p > 标签定义相同的 class 属性。

③用 "." 定义 class 选择器，并设置字体颜色。

任务实施：

```
1  <!DOCTYPE html >
2  <html >
3   <head >
4       <meta charset = "UTF – 8" >
5       <title >class 选择器的应用 </title >
6       <style type = "text/css" >
7           .red{ color:#fa0303;}
8       </style >
9   </head >
10   <body >
11       <h1 class = "red" >
12       我是标题标记,我是红色的。
13       </h1 >
14       <p class = "red" >
15       我是段落标记,我也是红色的。
16       </p >
17   </body >
18  </html >
```

注意：

①class 选择器的名称可以由数字、英文字符、下划线组成，数字不可以作为选择器名称的开头，在企业开发中，一般使用英文字符作为开头；

②class 选择器区分大小写；

③class 选择器可以多次重复使用；

④class 选择器可以使用词列表，可以结合使用，一个 HTML 元素可以同时具有多个 class 属性值，各属性值用空格分隔，这多个属性值可以同时作用于它，例如，< p class = "box abc content" > < /p >。

4. 通配符选择器

通配符选择器是所有选择器中作用范围最广的，能够定义文档中的所有元素。通配符选择器以 " * " 来定义。其语法格式如下：

> *{属性1:属性值1; 属性2:属性值2;…属性 n:属性值 n;}

任务实践2 - 6　通配符选择器

任务描述：设计一个页面，页面中所有标签的字体大小均为 28 像素。页面效果如图 2 - 15 所示。

图 2 - 15　通配符选择器的应用页面效果

任务分析：

①根据任务要求，在页面主体 < body > 中嵌入一对 < p > 标签、一对 < a > 标签。

②定义通配符选择器，并设置字体大小为 28 px。

任务实施：

```
1  <!DOCTYPE html >
2  <html >
3    <head >
4        <meta charset = "UTF - 8" >
5        <title >通配符选择器 < /title >
6        <style type = "text/css" >
7            *{font - size: 28px;}
8        < /style >
9    < /head >
10   <body >
11       <p >
12       我是段落标记。
13       < /p >
14       <a href = "#" >
15       我是链接标记。
16       < /a >
17   < /body >
18  < /html >
```

5. 并集选择器

并集选择器是指各个选择器通过逗号连接，任何选择器（标记选择器、id 选择器及 class 选择器等）都可以作为并集选择器的一部分，各个选择器拥有相同的样式。其语法格式如下：

```
选择器1,选择器2,…,选择器n{属性1:属性值1;属性2:属性值2;…属性n:属性值n;}
```

任务实践2-7　并集选择器的应用

任务描述：设计一个页面，页面中有一个大标题文本、一个段落文本、一个小标题文本，它们的文本颜色均为绿色。页面效果如图2-16所示。

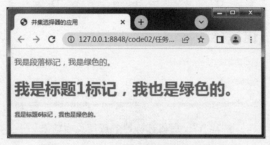

图2-16　并集选择器的应用页面效果

任务分析：

①根据任务要求，在页面主体 < body > 中嵌入一对 < h1 > 标签、一对 < p > 标签、一对 < h6 > 标签。

②定义并集选择器，并设置文本颜色为绿色。

任务实施：

```
1  <!DOCTYPE html >
2  <html >
3    <head >
4      <meta charset = "UTF-8" >
5      <title >并集选择器的应用 </title >
6      <style type = "text/css" >
7          p,h1,h6{ color:#09a614;}
8      </style >
9    </head >
10   <body >
11     <p >我是段落标记,我是绿色的。 </p >
12     <h1 >我是标题1标记,我也是绿色的。 </h1 >
13     <h6 >我是标题6标记,我也是绿色的。 </h6 >
14   </body >
15 </html >
```

6. 后代选择器

后代选择器又称为包含选择器。后代选择器可以控制作为某元素后代的元素。后代选择器的功能极其强大。有了它，可以使 HTML 中不可能实现的任务成为可能。其语法格式如下：

```
外层选择器 内层选择器{属性1:属性值1；属性2:属性值2；…属性 n:属性值 n;}
```

任务实践 2 – 8   后代选择器的应用

任务描述：利用后代选择器实现如图 2 – 17 所示的页面效果。

图 2 – 17   后代选择器的应用页面效果

任务分析：

①根据任务要求，在页面主体 < body > 中嵌入一对 < h1 > 标签、一对 < p > 标签、一对 < em > 标签。

②< h1 > 标签中嵌套 < em > 标签。

③< p > 标签中嵌套 < strong > 标签，< strong > 标签中嵌套 < em > 标签。

④利用后代选择器设置相应的样式。

任务实施：

```html
1   <!DOCTYPE html >
2   <html >
3   <head >
4       <meta charset = "UTF -8" >
5       <title >后代选择器的应用 </title >
6       <style type = "text/css" >
7           h1 em{ color: #FA7103;}
8           p strong em{ color: #f929cf;}
9       </style >
10  </head >
11  <body >
12      <h1 >这是标题标记 <em >important </em > </h1 >
13      <p >这是段落标记 <strong > <em >important </em > </strong > </p >
14      <em >我是斜体标记 </em >
15  </body >
16  </html >
```

注意：

①后代选择器仅适用于嵌套关系中的内层元素；

②两个元素之间的层次间隔可以是无限的，而无论嵌套的层次有多深；

③后代选择器不限于两个元素的嵌套，如果是多层嵌套，只需在元素之间加上空格即可。例如，元素 p 内嵌套了元素 strong，元素 strong 内嵌套了元素 em，要想控制元素 em，就可以用 p strong em 来描述。

7. 标签指定选择器

标签指定选择器又称为交集选择器。由两个选择器构成：一个为标签选择器；另一个为 class 选择器或者 id 选择器，两个选择器之间不能有空格，如 p.special 或者 h1#one。其语法格式如下：

标签选择器.class/ id选择器{属性1:属性值1;属性2:属性值2;…属性n:属性值n;}

任务实践 2 - 9　标签指定选择器的应用

任务描述：利用标签指定选择器实现如图 2 - 18 所示的页面效果。

图 2 - 18　标签指定选择器的应用页面效果

任务分析：

①根据任务要求，在页面主体 < body > 中嵌入两对 < p > 标签。

②利用标签指定选择器设置字体颜色。

任务实施：

```
1  <!DOCTYPE html >
2  <html >
3      <head >
4          <meta charset = "UTF - 8" >
5          <title >标签指定选择器的应用 </title >
6          <style >
7              p{color: red;}
8              p.special{color: green;}
9          </style >
10     </head >
11     <body >
12         <p >普通段落文本(红色) </p >
13         <p class = "special" >指定了.special 类的段落文本(绿色) </p >
14     </body >
15  </html >
```

8. 属性选择器

属性选择器是根据元素的属性及属性值来控制元素的。属性选择器在为不带有 class 或 id 的表单设置样式时特别有用。其语法格式如下:

选择器[属性 = 属性值]{属性 1:属性值 1; 属性 2:属性值 2;…属性 n:属性值 n;}

任务实践 2 - 10 属性选择器的应用

任务描述:设计一个用户登录页面。页面效果如图 2 - 19 所示。

图 2 - 19 属性选择器的应用页面效果

任务分析:

①根据任务要求,在页面主体 < body > 中嵌入表单标签、输入文本标签、密码标签。

②利用属性选择器设置相应的样式。

任务实施:

```
1  <! DOCTYPE html >
2  < html >
3    < head >
4        < meta charset = "UTF - 8" >
5        < title > 属性选择器的应用 < /title >
6        < style type = "text/css" >
7               input[ type = "text" ]{
8                  width:150px;
9                  height:30px;
10                 background - color:yellow;}
11              input[ type = "password" ]{
12                 width:150px;
13                 height:30px;
14                 background - color: #ddd8dc;}
15              input[ type = "submit" ]{
16                 width:60px;}
17        < /style >
18    < /head >
19   < body >
20        < form action = "index.html" method = "post" >
21              用户名: < input type = "text" />
22              密码: < input type = "password" />
```

```
23              <input type = "submit" value = "登录"/>
24          </form >
25      </body >
26 </html >
```

任务 2.4 关系选择器

CSS3 中的关系选择器主要包括子代选择器和兄弟选择器，其中，子代选择器由符号"＞"连接，兄弟选择器由符号"＋"和"～"连接。

1. 子代选择器

与后代选择器不同的是，子代选择器控制的是某元素（父亲）后代的第一级子元素（孩子），而非某元素后代的所有元素。其语法格式如下：

父选择器 > 第一级子选择器{属性1:属性值1;属性2:属性值2;…属性n:属性值n;}

任务实践 2 - 11 子代选择器的应用

任务描述：利用子代选择器实现如图 2 - 20 所示的页面效果。

图 2 - 20 子代选择器的应用页面效果

任务分析：

①根据任务要求，在页面主体 < body > 中嵌入两对 < h1 > 标签、一对 < em > 标签；

②第一个 < h1 > 标签中嵌套 < em > 标签；

③第二个 < h1 > 标签中嵌套 < strong > 标签，< strong > 标签中嵌套 < em > 标签；

④利用子代选择器设置相应的样式。

任务实施：

```
1 <!DOCTYPE html >
2 <html >
3   <head >
4       <meta charset = "UTF - 8">
5       <title >子代选择器的应用 </title>
6       <style type = "text/css">
7              h1 > em{color:#FA7103;}
```

```
8          </style>
9      </head>
10     <body>
11         <h1>这是标题标记<em>important</em></h1>
12         <h1>这是标题标记<strong><em>important</em></strong></h1>
13         <em>我是斜体标记</em>
14     </body>
15 </html>
```

2. 兄弟选择器

兄弟选择器用来选择与某元素位于同一个父元素之中，且位于该元素之后的兄弟元素。兄弟元素选择器分为临近兄弟选择器和普通兄弟选择器两种。

（1）临近兄弟选择器

该选择器使用"+"来连接前后两个选择器。选择器中的两个元素有同一个父亲，而且第二个元素必须紧跟第一个元素。其语法格式如下：

兄弟 n 选择器 + 兄弟 n + 1 选择器{属性 1:属性值 1;属性 2:属性值 2;…属性 n:属性值 n;}

任务实践 2 - 12　临近兄弟选择器的应用

任务描述：设计一个页面，显示唐代诗人王昌龄的作品《从军行》，页面效果如图 2 - 21 所示。

图 2 - 21　临近兄弟选择器的应用页面效果

任务分析：

①根据任务要求，在页面主体 <body> 中嵌入一个 <h2> 标签、三个 <div> 标签、一个 <p> 标签。

②利用临近兄弟选择器设置相应的样式。

任务实施：

```
1  <!DOCTYPE html>
2  <html>
3      <head>
4          <meta charset="UTF-8">
5          <title>临近兄弟选择器的应用</title>
```

```
6              <style>
7                      p+h2{color: red;font-size: 20px;}
8              </style>
9     </head>
10    <body>
11              <h2>《从军行》</h2>
12              <p>青海长云暗雪山</p>
13              <h2>孤城遥望玉门关</h2>
14              <h2>黄沙百战穿金甲</h2>
15              <h2>不破楼兰终不还</h2>
16              </body>
17    </html>
```

（2）普通兄弟选择器

普通兄弟选择器使用"~"来连接前后两个选择器。选择器中的两个元素有同一个父亲，第二个元素不必紧跟第一个元素，但一定位于第一个元素之后。其语法格式如下：

兄弟 n 选择器 ~ 兄弟 n+n 选择器{属性 1:属性值 1；属性 2:属性值 2；…属性 n:属性值 n;}

任务实践 2-13　普通兄弟选择器

任务描述：设计一个页面，显示唐代诗人王昌龄作品《从军行》，页面效果如图 2-22 所示。

图 2-22　普通兄弟选择器的应用页面效果

任务分析：

①根据任务要求，在页面主体 \<body\> 中嵌入一对 \<h2\> 标签、三对 \<div\> 标签、一对 \<p\> 标签。

②利用普通兄弟选择器设置相应的样式。

任务实施：

```
1 <!DOCTYPE html>
2 <html>
3    <head>
```

```
4              <meta charset = "UTF -8">
5              <title>普通兄弟选择器的应用</title>
6              <style>
7                      p~h2{color: red;font -size: 20px;}
8              </style>
9      </head>
10     <body>
11             <h2>《从军行》</h2>
12             <p>青海长云暗雪山</p>
13             <h2>孤城遥望玉门关</h2>
14             <h2>黄沙百战穿金甲</h2>
15             <h2>不破楼兰终不还</h2>
16     </body>
17     </html>
```

任务2.5   伪元素选择器

伪元素选择器用来在 HTML 文档中插入假想的元素，它是 DOM 树没有定义的虚拟元素，无法捕获，也无法绑定事件。不同于其他选择器，它不以元素为最小选择单元，它选择的是元素指定内容。比如，::before 表示选择元素内容之前的内容，::after 表示选择元素内容之后的内容。

1. ::before 伪元素选择器

::before 伪元素选择器是指给指定标记的内容前面添加一个内容，必须用 content 属性来指定要插入的具体内容。其语法格式如下：

```
<元素>::before{ content:url()/string/attr()/counter();}
```

2. ::after 伪元素选择器

::after 伪元素选择器是指给指定标记的内容后面添加一个内容，必须用 content 属性来指定要插入的具体内容。其语法格式如下：

```
<元素>::after{ content:url()/string/attr()/counter(); }
```

上述语法格式中，url() 指插入一个外部资源文件，可以是图像、音频、视频文件或浏览器所支持的其他任何资源；string 指插入文本内容；attr() 指插入元素的属性值；counter() 为计数器，用于插入排序标识，counter() 不仅可以追加数字编号，还可以追加字母编号或罗马数字编号，语法：couter(计数器名，编号种类)。

任务实践 2 – 14   ::before 伪元素选择器 content:url( ) 的用法

任务描述：设计一个新闻小标题的网页，使用::before 伪元素选择器设置项目符号，页面效果如图 2 – 23 所示。

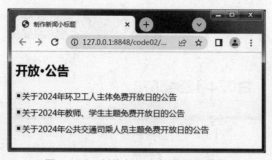

图 2-23 制作新闻小标题页面效果

任务分析：

①根据任务要求，在页面主体 <body> 中嵌入 <h2>、<ul>、<li> 标签。

②设置 <ul>、<li> 标签的样式。

③使用::before 伪元素选择器设置项目符号。

任务实施：

```
1  <!DOCTYPE html>
2  <html>
3   <head>
4     <meta charset="UTF-8">
5     <title>制作新闻小标题</title>
6     <style type="text/css">
7       ul{list-style: none;margin:0;padding:0;}
8       li{
9           list-style:none;
10          line-height:32px;
11        }
12      li::before{content:url(images/tubiao.png);}
13    </style>
14  </head>
15  <body>
16    <h2>开放·公告</h2>
17    <ul>
18    <li>关于2023年环卫工人主体免费开放日的公告</li>
19    <li>关于2023年教师、学生主题免费开放日的公告</li>
20    <li>关于2023年公共交通司乘人员主题免费开放日的公告</li>
21    </ul>
22  </body>
23  </html>
```

任务实践 2-15　::before 伪元素选择器 content:string 的用法

任务描述：利用::before 伪元素选择器添加电话号码图标，页面效果如图 2-24 所示。

图 2-24　添加电话号码图标页面效果

任务分析：

①根据任务要求，在页面主体 < body > 中嵌入 < p > 标签。

②设置 p::before 属性 content 的属性值为\260E。

任务实施：

```
1  <! DOCTYPE html >
2  <html >
3      <head >
4          <meta charset = "UTF - 8" >
5          <title >添加电话电码图标 </title >
6          <style type = "text/css" >
7                  p::before{content: '\260E';}
8          </style >
9      </head >
10     <body >
11         <p >024 -12345678 </p >
12     </body >
13 </html >
```

任务实践 2-16　::after 伪元素选择器 content:attr( ) 的用法

任务描述：利用::after 伪元素选择器显示链接地址，页面效果如图 2-25 所示。

图 2-25　显示链接地址页面效果

任务分析：

①根据任务要求，在页面主体 < body > 中嵌入 < a > 标签。

②设置 a::after 属性 content 的属性值为 attr(href)。

任务实施：

```
1  <! DOCTYPE html >
2  <html >
3      <head >
```

```
4          <meta charset = "UTF - 8" >
5          <title >显示链接地址 </title >
6          <style type = "text/css" >
7              a::after{
8                  content: "("attr(href)")";
9              }
10         </style >
11     </head >
12     <body >
13         <a href = "https://www.lnstzy.cn" >辽宁生态工程职业学院 </a >
14     </body >
15  </html >
```

任务实践 2 – 17　::before 伪元素选择器 content:counter( ) 的用法

任务描述：利用::before 伪元素选择器实现计数功能，页面效果如图 2 – 26 所示。

图 2 – 26　计数页面效果

任务分析：

①根据任务要求，在页面主体 <body >中嵌入 <ul >标签，其中嵌套 <li >标签。

②设置 <li >标签的 list – style:none、counter – increment:number 及 li::before 的 content:counter(number)。counter – increment 属性用来递增一个或多个计数器，counter – increment 属性通常和 counter – reset 属性、content 属性一起使用。

任务实施：

```
1  <! DOCTYPE html >
2  <html >
3     <head >
4          <meta charset = "UTF - 8" >
5          <title >计数 </title >
6          <style type = "text/css" >
7              ul{counter - reset: number -1;} /* 创建一个计数器,名称为number,从
8  -1 开始计数 */
9              ul li{
10                 list - style: none;
```

```
11                        counter-increment: number 2;/* 为计数器 number 每次增加 2*/
12                   }
13              ul li::before{
14                   content: counter(number);
15                   }
16         </style>
17     </head>
18     <body>
19         <ul>
20              <li>排名第一</li>
21              <li>排名第二</li>
22              <li>排名第三</li>
23         </ul>
24     </body>
25 </html>
```

任务 2.6　链接伪类选择器

在定义超链接时，通常需要为超链接定义不同状态下的样式，比如超链接正常状态时的样式、鼠标指针悬停时的样式及单击后超链接的样式。CSS 通过使用链接伪类就可以实现以上这些不同状态的伪类。

伪类并不是真正的类，其名称由系统定义，通常由标记名、类名或 id 名后加 "：" 构成。

超链接元素 a 的伪类有 4 种，分别是 a:link（未被访问时超链接的状态）、a:visited（已被访问的超链接状态）、a:hover（鼠标指针悬停时超链接的状态）、a:active（单击不动时超链接的状态）。这 4 种伪类在书写时必须按照以上的顺序，否则，定义的样式不起作用。若某种伪类不需要设置，则可不设置。另外，在实际工作中，通常对 a:link 和 a:visited 定义相同的样式，使未访问和访问后的链接样式保持一致。语法规则如下：

a:link{属性 1:属性值 1;属性 2:属性值 2;属性 3:属性值 3;…属性 n:属性值 n;}

a:visited{属性 1:属性值 1;属性 2:属性值 2;属性 3:属性值 3;…属性 n:属性值 n;}

a:hover{属性 1:属性值 1;属性 2:属性值 2;属性 3:属性值 3;…属性 n:属性值 n;}

a:active{属性 1:属性值 1;属性 2:属性值 2;属性 3:属性值 3;…属性 n:属性值 n;}

任务实践 2 – 18　链接伪类的用法

任务描述：设计一个简单的导航，导航文本无下划线，鼠标指针悬停时导航项文本颜色为橘色，未被访问和已被访问的导航项文本颜色为蓝色，鼠标单击不动时导航项文本颜色为深蓝色。页面效果如图 2 – 27 ~ 图 2 – 29 所示。

图 2 - 27   鼠标指针悬停时的页面效果

图 2 - 28   未被访问和访问过的页面效果

图 2 - 29   单击不动时的页面效果

任务分析：

①根据任务要求，在页面主体 < body > 中嵌入四对链接 < a > 标签。

②设置链接伪类的样式。

任务实施：

```
1  < !DOCTYPE html >
2  < html >
3    < head >
4      < meta charset = "UTF - 8" >
5      < title > 链接伪类的用法 < /title >
6      < style type = "text/css" >
7          a{ font - size:14px; text - decoration: none;}
8          a:link,a:visited{
9          color:#0a798a; }
10         a:hover{ color: #FA7103;}
11         a:active{ color: #333333;}
12     < /style >
13   < /head >
14   < body >
15       < a href = "#" > 网站首页 < /a >
16       < a href = "gs.html" > 公司概况 < /a >
17       < a href = "zp.html" > 招聘信息 < /a >
18       < a href = "lx.html" > 联系我们 < /a >
19   < /body >
20 < /html >
```

注意：如果所有链接的 href 属性一样（指向同一个地址），那么仅单击其中一个链接，其他链接的外观样式也将显示成被访问过的链接样式。

任务 2.7 结构化伪类选择器

结构化伪类选择器是 CSS3 中新增加的选择器。常用的结构化伪类选择器包括:only – child 选择器、:first – child 选择器、:last – child 选择器、:nth – child(n)选择器、:nth – last – child(n)选择器、:nth – of – type(n)选择器、:nth – last – of – type(n)选择器、:target 选择器。

1. :only – child 选择器

:only – child 选择器用于匹配属于其父元素的唯一子元素的元素。也就是说,如果某个父元素有且只有一个子元素,则使用:only – child 选择器来定义这个子元素的样式。其语法格式如下:

> 子元素:only – child{属性1:属性值1;属性2:属性值2;…;属性 n:属性值 n;}

任务实践 2 – 19 :only – child 选择器的用法

任务描述:利用:only – child 选择器实现如图 2 – 30 所示的页面效果。

图 2 – 30 :only – child 选择器的用法页面效果

任务分析:
①根据任务要求,在页面主体 < body >中嵌入 < div >、< a >标签。
②利用:only – child 选择器设置"Logo"样式。
任务实施:

```
1  <!DOCTYPE html >
2  <html >
3    <head >
4      <meta charset = "UTF – 8" >
5      <title >:only – child 选择器的用法 </title >
6      <style type = "text/css" >
7          a{ font – size:14px; }
8          a:only – child{
9          font – size:32px;
10         text – decoration: none;
11         color: #FA7103;}
12      </style >
13    </head >
14    <body >
```

```
15      < div >
16          < a href = "#" >Logo < /a >
17      < /div >
18      < div >
19          < a href = "#" >网站首页 < /a >
20          < a href = "#" >公司概况 < /a >
21          < a href = "#" >招聘信息 < /a >
22          < a href = "#" >联系我们 < /a >
23      < /div >
24  < /body >
25  < /html >
```

2.　:first – child 选择器和 :last – child 选择器

:first – child 选择器和 :last – child 选择器分别用于定义某元素的第一个和最后一个子元素的样式。其语法格式如下：

```
子元素:first - child{属性1:属性值1; 属性2:属性值2; …属性 n:属性值 n;}
子元素:last - child{属性1:属性值1; 属性2:属性值2; …属性 n:属性值 n;}
```

任务实践 2 – 20　:first – child 选择器的用法

任务描述：利用 :first – child 选择器实现如图 2 – 31 所示的页面效果。

图 2 – 31　:first – child 选择器的用法页面效果

任务分析：

①根据任务要求，在页面主体 < body > 中嵌入 < div > 、 < a > 标签。

②利用 :first – child 选择器设置第一个导航项的样式。

任务实施：

```
1  < ! DOCTYPE html >
2  < html >
3      < head >
4          < meta charset = "UTF - 8" >
5          < title >:first - child 选择器的用法 < /title >
6          < style type = "text/css" >
7              a{ text - decoration: none;
8              color: #FA7103; }
9              a:first - child{
10             color: #138ea0;
```

```
11              font – weight: bolder;}
12       </style>
13   </head>
14   <body>
15       <div>
16           <a href = "#" >网站首页</a>
17           <a href = "#" >公司概况</a>
18           <a href = "#" >招聘信息</a>
19           <a href = "#" >联系我们</a>
20       </div>
21   </body>
22 </html>
```

3. :nth – child(n)选择器和:nth – last – child(n)选择器

:nth – child(n)选择器用于定义某元素的第 n 个子元素的样式，不管元素的类型。其语法格式如下：

子元素:nth – child(n){属性1:属性值1；属性2:属性值2；…属性 n:属性值 n;}

:nth – last – child(n)选择器用于定义某元素的第 n 个子元素的样式（从最后一个子元素开始计数），不管元素的类型。其语法格式如下：

子元素:nth – last – child(n){属性1:属性值1；属性2:属性值2；…属性 n:属性值 n;}

任务实践 2 – 21　:nth – child(n)选择器和:nth – last – child(n)选择器的用法

任务描述：利用:nth – child(n)选择器和:nth – last – child(n)选择器实现如图 2 – 32 所示的页面效果。

图 2 – 32　:nth – child(n)选择器和:nth – last – child(n)选择器的用法页面效果

任务分析：

①根据任务要求，在页面主体<body>中嵌入<ul>、<li>标签。

②设置<ul>、<li>标签的样式。

③利用:nth – child(n)选择器和:nth – last – child(n)选择器设置第二个和最后一个导航项的样式。

任务实施：

```
1  <!DOCTYPE html >
2  <html >
3    <head >
4        <meta charset = "UTF - 8" >
5        <title >:nth - child(n)选择器和:nth - child(n)选择器的用法 </title >
6        <style type = "text/css" >
7              *{ margin: 0px; padding: 0px;}
8              ul{ width: 200px;}
9              ul li{ list - style: none;
10             height: 30px;
11             line - height: 30px;
12             background - color: #f9cbbd;}
13             li:nth - child(2){background - color: #a6d1f6;}
14             li:nth - last - child(1){background - color: #7bee4e;}
15       </style >
16   </head >
17   <body >
18       <ul >
19           <li >中国教育最先进的学校 </li >
20           <li >中国入境游市场规模保持稳步增长 </li >
21           <li >谁的资金链断裂 </li >
22           <li >Web 开发 </li >
23           <li >春暖花开 </li >
24       </ul >
25   </body >
26 </html >
```

4. :nth - of - type(n)选择器和:nth - last - of - type(n)选择器

:nth - of - type(n)选择器用于定义元素的特定类型的第 n 个子元素的样式。其语法格式如下：

子元素:nth - of - type(n){属性1:属性值1；属性2:属性值2；…属性 n:属性值 n;}

:nth - last - of - type(n)选择器用于定义元素的特定类型的第 n 个子元素的样式，从最后一个子元素开始计数。其语法格式如下：

子元素:nth - last - of - type(n){属性1:属性值1；属性2:属性值2；…属性 n:属性值 n;}

任务实践 2 - 22 ：nth - of - type(n)选择器和:nth - last - of - type(n)选择器的用法

任务描述：利用:nth - of - type(n)选择器和:nth - last - of - type(n)选择器实现如图 2 - 33 所示的页面效果。

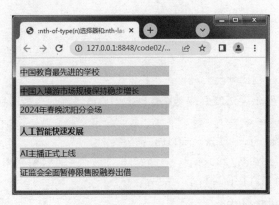

图 2 – 33   :nth – of – type(n) 选择器和:nth – last – of – type(n) 选择器的用法页面效果

任务分析：

①根据任务要求，在页面主体 < body > 中嵌入 < div >、< p >、< h4 > 标签。

②设置 < div >、< p > 和 < h4 > 标签的样式。

③利用:nth – of – type(n) 选择器和:nth – last – of – type(n) 选择器设置样式。

任务实施：

```
1  <!DOCTYPE html>
2  <html>
3    <head>
4        <meta charset = "UTF-8">
5        <title>:nth-of-type(n)选择器和:nth-last-of-type(n)选择器的用法</title>
6        <style type = "text/css">
7            div{ width: 200px;}
8            p,h4{ background-color: #a6f4dd;}
9            p:nth-of-type(2){ background-color: #FA7103;}
10           p:nth-last-of-type(3){ background-color: #71FA03;}
11       </style>
12   </head>
13   <body>
14       <div>
15           <p>中国教育最先进的学校</p>
16           <p>中国入境游市场规模保持稳步增长</p>
17           <p>谁的资金链断裂</p>
18           <h4>我是标题标记</h4>
19           <p>我是段落标记</p>
20           <p>我也是段落标记</p>
21       </div>
22   </body>
23  </html>
```

另外，也可以采用：nth – of – type（odd）定义奇数行元素的样式，采用：nth – of – type（even）定义偶数行元素的样式。

5. :target 选择器

:target 选择器是 CSS3 新增的选择器，:target 选择器可用于定义当前活动的目标元素的样式。只有用户单击了页面中的超链接，:target 选择器所定义的样式才起作用。

任务实践 2 – 23 实现选项卡功能

任务描述：利用:target 选择器定义活动目标元素的样式，页面效果如图 2 – 34 和图 2 – 35 所示。

图 2 – 34 默认效果

图 2 – 35 单击"红楼梦"时的页面效果

任务分析：

利用:target 选择器定义活动目标元素的样式。

任务实施：

```
1  <!DOCTYPE html >
2  <html >
3      <head >
4          <meta charset = "UTF - 8" >
5          <title >:target 选择器的用法 </title >
6          <style >
7              .tab div |
8                  display: none;
9              |
10             .tab div:target |
11                 display: block;
12             |
13         </style >
14     </head >
15     <body >
16         <div class = "tab" >
17             <a href = "#link1" >红楼梦 </a >
18             <a href = "#link2" >西游记 </a >
19             <a href = "#link3" >三国演义 </a >
```

```
20              <a href = "#link4" >水浒传 < /a >
21              <div id = "link1" >
22                    <h3 >作者:曹雪芹 < /h3 >
23                    <p >《红楼梦》,别名《石头记》等,中国古代章回体长篇小说,中国古典
24                    四大名著之一。 < /p >
25              < /div >
26              <div id = "link2" >
27                    <h3 >作者:吴承恩 < /h3 >
28                    <p >《西游记》是明代吴承恩创作的中国古代第一部浪漫主义章回体长
29                    篇神魔小说。
30              < /p > < /div >
31              <div id = "link3" >
32              <h3 >作者:罗贯中 < /h3 >
33              <p >《三国演义》(又名《三国志演义》《三国志通俗演义》)是元末明初小说家
34              罗贯中根据陈寿《三国志》和裴松之注解以及民间三国故事传说经过艺术加工
35              创作而成的长篇章回体历史演义小说。
36                    < /p >
37              < /div >
38              <div id = "link4" >
39                <h3 >作者:施耐庵 < /h3 >
40                <p >《水浒传》是元末明初编著的长篇小说(现存刊本署名大多为施耐庵或
41                罗贯中或两人皆有),是中国历史上第一部用白话文写成的章回体长篇小说。
42                    < /p >
43              < /div >
44          < /div >
45      < /body >
46 < /html >
```

任务 2.8　CSS 层叠性与继承性

1. 层叠性

层叠就是在 HTML 文档中对于同一个元素可以有多个 CSS 样式存在,当有相同权重的样式存在时,会根据这些 CSS 样式的先后顺序来判断,处于最后面的 CSS 样式会被应用。

任务实践 2–24　层叠的用法

任务描述:设计一个页面,理解层叠性,页面效果如图 2–36 所示。

图 2-36 层叠的用法页面效果

任务分析：

①根据任务要求，在页面主体 <body> 中嵌入一对 <p> 标签。

②设置 <p> 标签的样式。

任务实施：

```
1  <!DOCTYPE html>
2  <html>
3    <head>
4      <meta charset = "UTF-8">
5      <title>层叠的用法</title>
6      <style type = "text/css">
7          p{color: red;}
8          p{color:green}
9      </style>
10   </head>
11   <body>
12     <p>中国教育最先进的学校</p>
13   </body>
14 </html>
```

2. 继承性

继承是一种规则，它允许样式不仅可以应用于某个特定 HTML 元素，而且可以应用于其后代。

任务实践 2-25 继承性的用法

任务描述：设计一个页面，理解继承性，页面效果如图 2-37 所示。

图 2-37 继承性的用法页面效果

任务分析：

①根据任务要求，在页面主体 <body> 中嵌入 <h1>、<p> 标签。

②设置 <body> 的样式。

任务实施：

```
1  <!DOCTYPE html>
2  <html>
3    <head>
4        <meta charset = "UTF - 8">
5        <title>继承性的用法</title>
6        <style type = "text/css">
7            body{ font - size: 16px; color: #FA7103;}
8        </style>
9    </head>
10   <body>
11       <h1>高校教育</h1>
12       <p>中国教育最先进的学校</p>
13   </body>
14  </html>
```

注意：

①常见的有继承性的属性如下。

字体系列属性：font、font - size、font - family、font - style、font - weight、font - variant、font - stretch、font - size - adjust。

文本系列属性：text - align、text - indent、text - shadow、line - height、word - spacing、letter - spacing、color、text - transform。

可见属性：visibility。

列表属性：list - style - type、list - style - image、list - style - position、list - style。

表格布局属性：caption - side、border - collapse、border - spacing、empty - cells、table - layout。

②常见的没有继承性的属性如下。

显示属性：display。

文本系列属性：text - decoration、vertical - align、text - shadow、white - space。

盒模型属性：width、height、padding、margin、border 等。

背景属性：background - color、background - image、background - position、background - size、background - repeat。

定位属性：float、chear、top、right、left、bottom、min -、max -。

任务 2.9 CSS 优先级

在定义 CSS 样式时，经常会出现两个或者更多的规则应用在同一个元素上，这时就会出现哪一个规则优先显示的问题。

优先级是分配给指定的 CSS 声明的一个权重，它由匹配的选择器中的每种选择器类型的数值决定。

当同一个元素有多个声明的时候，优先级才会有意义，这是因为每个直接作用于元素的 CSS 规则总是会接管或覆盖该元素从祖先元素继承而来的规则。优先级关系如下：

> 行内样式(权重大于 100) > id 选择器(权重等于 100) > class 选择器(权重等于 10) = 属性选择器 = 伪类选择器 > 标签选择器(权重等于 1) = 伪元素选择器

任务实践 2 – 26　优先级的用法

任务描述：设计一个页面，理解优先级，页面效果如图 2 – 38 所示。

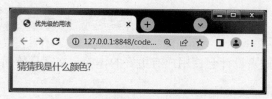

图 2 – 38　优先级的用法页面效果

任务分析：

①根据任务要求，在页面主体 < body > 中嵌入 < p > 标签。

②分别用标签选择器、id 选择器、class 选择器设置 < p > 标签的样式。

任务实施：

```
1  < ! DOCTYPE html >
2  < html >
3    < head >
4        < meta charset = "UTF – 8" >
5        < title > 优先级的用法 < /title >
6        < style type = "text/css" >
7            p{ color: aqua;}
8            #red{ color:red;}
9            .green{ color: green;}
10       < /style >
11    < /head >
12    < body >
13        < p id = "red" class = "green" > 猜猜我是什么颜色？ < /p >
14    < /body >
15  < /html >
```

另外，由多个基础选择器构成的复合选择器，其权值为这些基础选择器权重的和。例如，CSS 代码为 p. red em{ color:red;}，其权值为 1 + 10 + 1 = 12。

注意：

①选择器的权值不能进位，比如一个由 11 个 class 选择器组成的选择器和一个由 1 个 id

选择器组成的选择器指向同一个标记，按理说，110 > 100，应该应用前者的样式，然而事实是应用后者的样式。错误的原因是：选择器的权值不能进位。还是以刚刚的例子来说明。11个 class 选择器组成的选择器的总权值为 110，但因为 11 个选择器均为 class 选择器，所以其实总权值最多不能超过 100，可以理解为 99.99，所以最终应用后者样式。

②当在一个样式声明中使用一个!important 规则时，此声明将覆盖任何其他声明。虽然从技术上讲，!important 与优先级无关，但它与最终的结果直接相关。使用!important 是一个不好的习惯，应该尽量避免，因为其破坏了样式表中固有的级联规则，使得调试找 bug 变得更加困难。当两条相互冲突的带有!important 规则的声明被应用到相同的元素上时，有更大优先级的声明将会被采用。

任务 2.10 字体样式属性与文本样式属性

一个简洁、清晰的网页设计会使用户有更好的体验，文字是传递信息的主要手段，所以字体和文本的设置十分重要。

1. 字体样式属性

字体样式属性主要用于设置文本的外观，包括字体、字号、风格、粗细、颜色和综合设置字体样式等。

（1）字体（font – family）

font – family 属性可以实现文本的字体设置，如宋体、黑体、微软雅黑等。在显示字体时，如果指定一种特殊字体类型，而在浏览器或操作系统中该类型不能正确获取，则可以使用 font – family 预设多种字体类型，每种字体类型之间使用半角的逗号隔开，如果前面的字体类型不能正确显示，则系统将会选择后一种字体类型，如果这些字体都没有安装，那么就会使用浏览器默认字体。如下面的代码。

```
p{ font – family:arial,"微软雅黑","华文彩云";}
```

当应用上述代码的字体样式时，会首选 arial，如果用户的计算机没有安装该字体，则会选择"微软雅黑"，如果也没有安装"微软雅黑"，则会选择"华文彩云"，如果也没有安装"华文彩云"，则会使用浏览器默认字体。需要注意的是，中文字体需要加半角的引号，英文字体一般不需要加引号，除非该英文字体由两个以上单词组成，例如 Microsoft YaHei，则需要加半角的引号。

（2）字号（font – size）

font – size 属性可以实现文本的字号设置，如下面的代码：

```
p{ font – size:32px;}
```

上述代码设置了段落元素 p 的字号为 32 px。一般使用 px（像素）和 em（相对大小）作为字号的单位，em 是一个相对值，类似于倍数关系，这里的相对所指的是相对于父元素的字号，例如，在 < p > 标记中设置 font – size:32px，在该标记中嵌套 < strong > 标记，将该子元素 strong 的字号设置为 font – size:0.5em，则此时的子元素 strong 的字号是 $32 \times 0.5 = 16$

（px）。em 广泛应用于响应式 Web 开发中。

（3）风格（font – style）

font – style 属性可以实现文本的风格设置，即字体的显示样式，如下面的代码。

```
p{ font –style:italic;}
```

上述代码设置了段落元素 p 的风格为斜体字体样式。font – style 的属性值有 normal（默认值，标准的字体样式）、italic（斜体字体样式）、oblique（倾斜的字体样式）、inherit（从父元素继承字体样式）等。

（4）粗细（font – weight）

font – weight 属性可以实现文本的粗细设置，如下面的代码。

```
p{ font –weight:bolder;}
```

上述代码设置了段落元素 p 的文本加粗。font – weight 的属性值有 normal（默认值，标准的文本）、bold（粗体文本）、bolder（更粗的文本）、lighter（更细的文本）等，也可以通过设置数值的方式设置文本加粗样式，取值范围为 100 ~ 900，值越大，加粗的程度越高，其中，数值 400 的文本的粗度等同于标准文本（normal）的粗度，数值 700 的文本的粗度等同于粗体文本（bold）的粗度。

（5）颜色（color）

color 属性可以实现文本颜色的设置，如下面的代码。

```
p{ color:#00000;}
```

上述代码设置了段落元素 p 的文本颜色为黑色。color 的属性值可以是颜色英文名称、rgb 值、rgba 值或者十六进制数，其默认值取决于浏览器。

（6）综合设置字体样式（font）

font 属性可以用于综合设置字体的样式，语法格式如下：

```
选择器{font:font –style font –weight font –size/line –height font –family;}
```

使用 font 属性时，必须按照以上语法格式的顺序书写，各个属性值用空格隔开。如以下代码：

```
1 p{
2    font –family:arial,"微软雅黑","华文彩云";
3    font –size: 32px;
4    font –style: italic;
5    font –weight: bolder;
6 }
```

上述代码等同于 p{ font:italic bolder 32px arial,"微软雅黑","华文彩云";}，其中不需要设置的属性可以省略，但必须保留 font – size 属性和 font – family 属性，否则，font 属性不起作用。

（7）定义服务器字体（@ font – face）

@ font – face 属性是 CSS3 新增加的属性，用于定义服务器字体，即通过@ font – face 属性，开发者可以在计算机未安装字体时使用任何字体。其语法格式如下：

```
@ font – face｛ font – family:字体名称;src:字体路径;｝
```

需要注意的是，在使用@ font – face 属性前，要将想要使用的字体文件存储到服务器站点。

任务实践 2 – 27　@ font – face 属性的用法

任务描述：将段落文本字体设置为"迷你简卡通"，页面效果如图 2 – 39 所示。

图 2 – 39　@ font – face 属性的用法页面效果

任务分析：

①根据任务要求，在页面主体 < body > 中嵌入一对 < p > 标签。

②将下载的"迷你简卡通"字体文件存储到项目文件夹 font 中。

③使用@ font – face 属性定义字体。

④对段落元素 p 应用"font – family"字体样式。

任务实施：

```
1  <!DOCTYPE html >
2  <html >
3    <head >
4        <meta charset = "UTF – 8" >
5        <title >@ font – face 属性的用法 < /title >
6        <style type = "text/css" >
7        @font – face ｛
8            font – family:"迷你简卡通";
9            src: url( font/迷你简卡通.TTF)
10       ｝
11       p｛ font – family:"迷你简卡通";｝
12       < /style >
13   < /head >
14   <body >
15     <p >我是卡通字体 < /p >
16   < /body >
17  < /html >
```

2. 文本样式属性

文本样式属性主要用来对网页文本的样式进行控制，如控制文本的首行缩进、字符间距、行高、文本修饰、水平对齐、阴影效果、文本溢出等。

（1）text – indent（首行缩进）

text – indent 属性用于定义首行文本的缩进，其属性值可以是不同单位的数值，常用的单位是 em。em 是一个相对值，是父元素字符大小的倍数。

任务实践 2 – 28　text – indent 属性的应用

任务描述：利用 text – indent 属性实现如图 2 – 40 所示的页面效果。

图 2 – 40　text – indent 属性的应用页面效果

任务分析：

①根据任务要求，在页面主体 < body > 中嵌入一对 < p > 标签。

②设置 < p > 标签的首行缩进属性。

任务实施：

```
1  <!DOCTYPE html >
2  <html >
3    <head >
4        <meta charset = "UTF – 8" >
5        <title >text – indent 属性的应用 </title >
6        <style type = "text/css" >
7            p{ text – indent:2em;}
8        </style >
9    </head >
10   <body >
11       <p >我是段落文本,使用 text – indent 属性可以设置文本首行缩进,
12           与 Word 文档中的段落设置首行缩进相似。</p >
13   </body >
14  </html >
```

（2）letter – spacing（字符间距）

letter – spacing 属性用于定义字符或字母之间的间隔，其属性值取正数时，字符间距会增大，取负数时，字符间距会减小，默认值为0。

任务实践 2 – 29　letter – spacing 属性的用法

任务描述：利用 letter – spacing 属性实现如图 2 – 41 所示的页面效果。

图 2 – 41　letter – spacing 属性的用法页面效果

任务分析：

①根据任务要求，在页面主体 < body > 中嵌入一对 < p > 标签。

②设置 < p > 标签的字符间距属性。

任务实施：

```
1  <!DOCTYPE html >
2  <html >
3    <head >
4        <meta charset = "UTF – 8" >
5        <title >letter – spacing 属性的用法 </title >
6        < style type = "text/css" >
7            p{ letter – spacing:20px;}
8        </style >
9    </head >
10   <body >
11       <p >我是段落文本 </p >
12   </body >
13  </html >
```

（3）line – height（行高）

line – height 属性用于定义行的高度，也就是行与行之间的距离，其属性值可以是 px、em 和%。通常用 line – height 属性设置文本的垂直居中对齐。

任务实践 2 – 30　line – height 属性的用法

任务描述：利用 line – height 属性设置列表行高为 30 px，页面效果如图 2 – 42 所示。

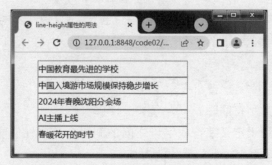

图 2 – 42　line – height 属性的用法页面效果

任务分析：

①根据任务要求，在页面主体 < body > 中嵌入 < ul >、< li > 标签。

②设置 < ul > 标签的属性。

③设置 < li > 标签的属性。

任务实施：

```
1  <!DOCTYPE html >
2  <html >
3    <head >
4      <meta charset = "UTF - 8" >
5      <title >line - height 属性的用法 </title >
6      <style type = "text/css" >
7            ul{ width:200px;}
8            ul li{list - style: none; line - height: 30px; border: #FA7103 1px solid;}
9      </style >
10   </head >
11   <body >
12     <ul >
13         <li >中国教育最先进的学校 </li >
14         <li >中国入境游市场规模保持稳步增长 </li >
15         <li >谁的资金链断裂 </li >
16         <li >Web 开发 </li >
17         <li >春暖花开 </li >
18     </ul >
19   </body >
20 </html >
```

（4） text – decoration （文本修饰）

text – decoration 属性用于定义文本是否有下划线、上划线和删除线等，其属性值可以是 none （没有修饰，默认值）、underline （下划线）、overline （上划线）和 line – through （删除线）。通常用 text – decoration 属性设置超链接文本的下划线效果。

任务实践 2 – 31　text – decoration 属性的用法

任务描述：利用 text – decoration 属性实现如图 2 – 43 所示的页面效果。

图 2 – 43　text – decoration 属性的用法页面效果

任务分析：

①根据任务要求，在页面主体 < body > 中嵌入 < nav > 标签，在 < nav > 标签中嵌套 < ul > 标签，在 < ul > 标签中嵌套 < li > 标签，在 < li > 标签中嵌套 < a > 标签。

②利用 text - decoration 属性设置超链接文本无下划线。

任务实施：

```
1  <!DOCTYPE html >
2  <html >
3      <head >
4          <meta charset = "UTF - 8" >
5          <title >text - decoration 属性的用法 </title >
6          <style >
7                  nav ul li{line - height: 30px;}
8                  nav ul li a{text - decoration: none;}
9                  nav ul li:nth - child(1) a{color: #000000;}
10         </style >
11  </head >
12  <body >
13      <nav >
14          <ul >
15              <li > <a href = "#" >网站首页 </a > </li >
16              <li > <a href = "#" >企业概况 </a > </li >
17              <li > <a href = "#" >产品介绍 </a > </li >
18              <li > <a href = "#" >联系我们 </a > </li >
19          </ul >
20      </nav >
21  </body >
22  </html >
```

（5）text - align（水平对齐）

text - align 属性用于定义文本的水平对齐方式，其属性值可以是 left（左对齐，默认值）、center（居中对齐）和 right（右对齐）。设置段落元素 p 的文本为水平居中对齐，代码如下。

```
p{text - align:center;}
```

（6）text - shadow（阴影效果）

text - shadow 属性用于定义文本的阴影效果，语法格式如下：

```
选择器{text - shadow:水平偏移位置 垂直偏移位置 模糊半径 阴影颜色;}
```

上述语法格式中水平偏移位置、垂直偏移位置和模糊半径的取值单位为 px，水平偏移位置取正值表示偏右，取负值表示偏左，垂直偏移位置取正值表示偏上，取负值表示偏下，其中，模糊半径和阴影颜色为可选项，而水平偏移位置、垂直偏移位置为必填项。

任务实践 2 –32 text – shadow 属性的用法

任务描述：利用 text – shadow 属性实现如图 2 –44 所示的页面效果。

图 2 –44 text – shadow 属性的用法页面效果

任务分析：

①根据任务要求，在页面主体 < body > 中嵌入 < p > 标签。

②利用 text – shadow 属性设置文本的阴影效果。

任务实施：

```
1  <!DOCTYPE html >
2  < html >
3    < head >
4        < meta charset = "UTF – 8" >
5        < title >text – shadow 属性的用法 </title >
6        < style type = "text/css" >
7              p{text – shadow: 5px 10px 2px mediumvioletred;}
8        </style >
9    </head >
10   < body >
11       < p >文本阴影 </p >
12   </body >
13 </html >
```

（7）text – overflow（文本溢出）

text – overflow 属性用于定义当文本溢出包含元素时发生的效果，其属性值有 clip（修剪溢出文本，不显示省略号）和 ellipsis（修剪溢出文本，显示省略号）其语法格式如下：

```
选择器{text – overflow:属性值;}
```

需要注意的是，text – overflow 属性仅是注解当文本溢出时是否显示省略标记，并不具备其他的样式属性定义。想要实现文本溢出时产生省略号的效果，还必须定义：强制文本在一行内显示（white – space:nowrap）及溢出内容为隐藏（overflow:hidden）。只有这样，才能实现溢出文本显示省略号的效果。

任务实践 2 –33 text – overflow 属性的用法

任务描述：利用 text – overflow 属性实现单行文本的溢出效果，页面效果如图 2 –45 所示。

图 2 – 45   text – overflow 属性的用法页面效果

任务分析：

①根据任务要求，在页面主体 < body > 中嵌入 < p > 标签。

②利用 text – overflow 属性设置单行文本的溢出效果。

任务实施：

```
1  <! DOCTYPE html >
2  < html >
3      < head >
4          < meta charset = "UTF – 8" >
5          < title > 文本溢出 < /title >
6          < style type = "text /css" >
7              * {
8                  margin: 0px;
9                  padding: 0px;
10             }
11             ul {
12                 width: 200px;
13             }
14             ul li {
15                 list – style: none;
16                 height: 30px;
17                 line – height: 30px;
18                 white – space:nowrap;
19                 overflow:hidden;
20                 text – overflow: ellipsis;
21             }
22             ul li a {
23                 text – decoration: none;
24                 color: gray;
25             }
26         </style >
```

```
27    </head>
28    <body>
29            <ul>
30                    <li><a href = "#">中国教育最先进的学校</a></li>
31                    <li><a href = "#">中国入境游市场规模保持稳步增长</a></li>
32                    <li><a href = "#">2024 年春晚沈阳分会场</a></li>
33                    <li><a href = "#">人工智能快速发展</a></li>
34                    <li><a href = "#">AI 主播正式上线</a></li>
35            </ul>
36    </body>
37  </html>
```

项目分析

从页面效果可以看出，故宫讲坛页面由标题（<h1>）、水平线（<hr>）、导航栏（<nav>）和定义列表（<dl>、<dt>和<dd>）等部分构成，页面标注如图 2 – 46 所示，页面结构如图 2 – 47 所示。

图 2 – 46 页面标注

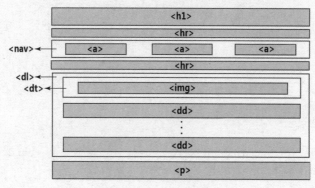

图 2 – 47 页面结构

该页面的实现细节具体分析如下：

①标题由 < h1 > 标签构成，定义文本水平居中对齐 text - align:center。

②水平线由 < hr > 标签构成，定义宽度、高度和背景色属性，设置边框线宽度为 0 px。

③导航栏由 < nav > 标签构成，内嵌三个 < a > 标签，分别定义其 href = " # show1" href = "#show2" href = "#show3"，用来实现跳转到当前页面里名称为 show1、show2、show3 的锚点。

④主体内容由三个定义列表 < dl > 标签构成，内嵌 < dt > 、 < dd > 标签，分别定义三个定义列表 < dl > 标签的 id = "show1"、id = "show2"、id = "show3"。

⑤定义 < dl > 标签的 display:none 用于内容的隐藏，定义:target 伪类的 display:block 用于触发导航项时显示相应的 dl 元素内容。

⑥定义 dd:before 选择器的 content 属性，用于在定义项前添加"心形"图片。

⑦定义 dd:nth - child(odd)选择器的 color 属性，用于定义基数子元素的文本颜色。

项目实施

1. 制作页面整体结构，定义全局 CSS 样式

（1）链入外部 CSS 样式

```
1  < link rel = "stylesheet" href = "zh2.css" >
```

（2）定义全局 CSS 样式

```
1 body{font - family:"微软雅黑";}
2 h1,nav{ text - align: center;}
```

2. 制作标题 html 结构

```
1  < h1 > 故宫讲坛 < /h1 >
```

3. 制作页面导航，定义 CSS 样式

（1）制作页面导航 html 结构

```
1  < hr >
2  < nav >
3       < a href = "#show1" >清代家具 < /a >
4       < a href = "#show2" >陶瓷 < /a >
5       < a href = "#show3" >木活字 < /a >
6  < /nav >
7  < hr >
```

（2）定义 CSS 样式

```
1 hr{width:500px; height:3px; background - color: #FA7103; border: 0px;}
2 a{
3       font - size:22px;
```

```
4      color:#5E2D00;}
5 a:link,a:visited{text-decoration:none;}
6 a:hover{
7      text-decoration:underline;
8      color:#fa7103;}
```

4. 制作主体部分

（1）制作主体部分 html 结构

```
1 <dl id="show1">
2      <dd>中国传统家具,历史悠久,源远流长,到了清代,达到了历史上的鼎峰。</dd>
3      <dd>清代宫廷家具包括皇家御用工坊内务府造办处制作的家具和来自各地督抚进贡的家具,
4 其中内务府造办处集中了全国最优质的资源。</dd>
5 </dl>
6 <dl id="show2">
7      <dt><img src="img/taoci.jpg"></dt>
8      <dd>我国是最早生产陶器和瓷器的国家,在世界陶瓷发展史扮演着重要角色。</dd>
9      <dd>陶瓷是黏土原料经过选料、粉碎、淘洗、陈腐、成形、干燥、施釉及烧制过程的产品。陶
10 瓷是陶器和瓷器的统称。</dd>
11      <dd>陶器一般以易熔黏土做胎,烧成温度一般在1 000 ℃以下;陶瓷以瓷土做胎,烧成温
12 度一般在1 200 ℃以上。</dd>
13      <dd>陶器早于瓷器产生。</dd>
14      <dd>陶瓷是世界上第一种人造材料,其他人造材料还有金属、塑料等。</dd>
15 </dl>
16 <dl id="show3">
17      <dd>活字印刷始于宋代的泥活字。</dd>
18      <dd>元代大德二年(1298 年),王祯曾用木活字印书。</dd>
19      <dd>元代的木活字印刷技艺与清代内府的木活字技艺有所不同,清代的木活字印刷技艺又
20      有了自己的创新。</dd>
21 </dl>
22 <p>图片来源 https://www.dpm.org.cn/gugongforum/detail/251119.html</p>
```

（2）定义 CSS 样式

```
1 dl{display:none;}  /* 隐藏链接的内容 */
2 dd{
3      line-height:38px;
4      font-size:22px;
5      font-family:"微软雅黑";
6      color:#333;
7      }
8 dd:before{content:url(img/tb.gif);}/* 添加小图片 */
```

```
9 dd:nth-child(odd){color:#71fa03;}
10 :target{display:block; text-align: center;}/* 显示链接的内容 */
11 p{font-size: 10px; text-align: center;height: 50px;color: gainsboro;}
```

项目实训

实训目的

练习运用 CSS 选择器定义页面元素样式。

实训内容

设计一个新闻页面，如图 2-48 所示。

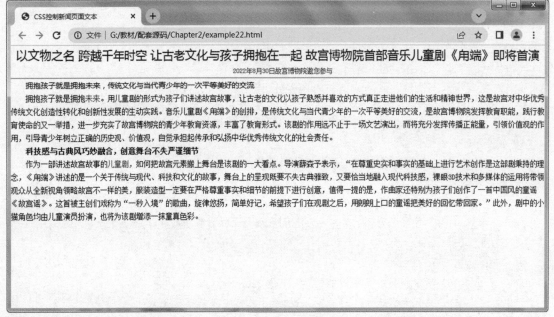

图 2-48 页面显示效果

项目小结

通过本项目的学习，读者能够理解 CSS 相关基础知识，学会 CSS 基础选择器和 CSS3 新增选择器的使用方法，掌握 CSS 的层叠性、继承性和优先级。

本项目注意事项：

1. 使用:nth-of-type(n)和:nth-last-of-type(n)时，一定要考虑子元素的类型，而且计数从 1 开始。

2. 伪元素可以简化布局，在本项目里，使用::before 伪元素，既减少了 html 标签的使用，又通过 CSS 样式的方式，实现了项目符号的插入。

拓展阅读

使用样式表有什么好处？

1. 内容与表现分离

写一个网页就好比建房子，房子的结构通过砖块、钢筋、水泥搭建，后期通过瓷砖、地板等的装饰，才能让房子更加漂亮。

网页通过 HTML 搭建整体结构，通过 CSS 修饰美化网页。

2. 网页的表现统一，容易修改

分开之后，结构和样式在不同的文件，互不影响，结构清晰，可读性强。后期需要修改时，便于定位查找。

3. 丰富的样式，使得页面布局更加灵活

样式表中提供了强大的并且非常全面灵活的选择器，可以用于选取网页中的任何一个元素。

4. 减少网页的代码量，增加网页的浏览速度，节省网络带宽

很多 CSS3 技术通过提供相同的视觉效果而成为图片的"替代品"，换句话说，在进行 Web 开发时，减少多余的标签嵌套及图片的使用数量，意味着用户要下载的内容将会更少，页面加载也会更快。另外，更少的图片、脚本和 Flash 文件能够减少用户访问 Web 站点时的 HTTP 请求数，这是提升页面加载速度的最佳方法之一。

项目 3
生态环境答题排行榜网页设计

项目目标

能力目标：

能够制作常见的盒模型效果。

能够设置盒模型的背景颜色和图像。

能够正确调整整盒模型背景图像的位置。

能够设置盒模型渐变背景。

能够运用背景图像定义列表项目符号。

知识目标：

了解盒模型的概念。

掌握盒模型的相关属性。

掌握背景属性的设置方法。

理解渐变属性的原理。

素质目标：

培养学生保护生态环境，建设美丽家园的情感。

帮助学生保持积极进取的人生态度。

项目背景

绿水青山就是金山银山。生态环境不仅给我们提供了一个居住环境，还可以拉动我们经济的发展，保障社会生活水平的提升。

生态环境保护和经济发展是辩证统一相辅相成的建设，生态文明推动绿色低碳循环发展，不仅可以满足日益增长的优美生态环境的需要，而且可以推动实现更高质量、更有效率、更为持续、更为安全的发展。

本项目使用盒模型技术设计生态环境答题排行榜页面，促使大家提高环保意识，热爱我们美丽的地球。项目默认效果如图 3-1 所示。

德育内容：

1. 融入德育元素"生态环境"，使学生树立环保意识，提高环保实践能力，激发学生热爱家园的情感，增强环保责任感。

2. 融入德育元素"答题排行"，利用榜样的力量引导学生积极进取，勇于攀峰。

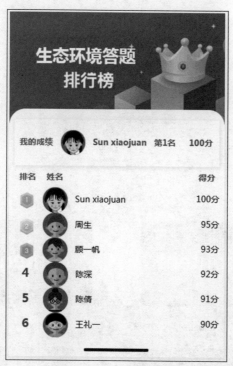

图 3 – 1 项目默认效果

项目知识

任务 3.1 初识盒模型

3.1.1 认识盒模型

盒模型是网页布局的基础。所谓盒模型，就是一个盛装内容的盒子，可以把 HTML 页面中的所有元素都看作矩形盒子，盒子的宽度、高度、边框，盒子内容与边框的距离，以及与其他盒子的距离都可以通过盒模型的属性进行定义。在浏览器看来，网页就是多个盒模型互相嵌套排列的结果。盒模型可以将网页分割为独立的、不同的部分，以实现网页的布局。

其实，盒模型完全可以理解成现实生活中的盒子。生活中的盒子内部是用来存放东西的，里面存放东西的区域称为"content"（内容），盒子的壁（厚度）称为"border"（边框）。比如，盒子里是一块移动硬盘，但是移动硬盘怕震动，所以需要在盒子内部的四周均匀填充一些防震材料，这时移动硬盘和盒子的边框就有了一定的距离，这部分距离称为"padding"（内边距）。如果需要购买许多块移动硬盘，则在盒子和盒子之间也需要一些防震材料来填充，那么盒子和盒子之间的距离称为"margin"（外边距），如图 3 – 2 和图 3 – 3 所示。

图 3 - 2　移动硬盘盒子的构成

图 3 - 3　多个移动硬盘盒子的构成

根据以上内容，盒模型的四要素分别是 content（内容）、border（边框）、padding（内边距）、margin（外边距），如图 3 - 4 所示。

图 3 - 4　盒模型的四要素

任务实践 3 - 1　初识盒模型要素

任务描述：为盒模型设置宽度、高度、边框、内外边距。页面效果如图 3 - 5 所示。

任务分析：

①根据任务要求，在页面主体 < body > 中嵌入一对 < div > 标签，并输入内容。

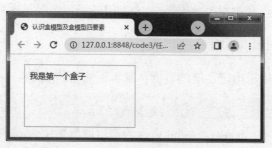

图 3 - 5　初识盒模型要素页面效果

②设置 < div > 标签的 width、height、border、margin、padding 属性。

任务实施：

```
1  <!DOCTYPE html >
2  <html >
3    <head >
4        <meta charset = "UTF - 8" >
5        <title >认识盒模型及盒模型四要素</title >
6        <style type = "text/css" >
7            div{width: 200px;
8            height: 100px;
9            border: 1px solid #fea700;
10           margin: 20px;
11           padding: 10px;}
12        </style >
13    </head >
14    <body >
15        <div >
16            我是第一个盒子
17        </div >
18    </body >
19  </html >
```

3.1.2　盒模型的宽与高

在利用 CSS 设置盒模型样式的时候，设置的 width 属性和 height 属性并不是盒模型本身的宽和高，而是盒模型盛装的内容的宽和高。那么盒模型实际的宽和高是多少呢？

盒模型的宽 = 左外边距 + 左边框 + 左内边距 + width + 右内边距 + 右边框 + 右外边距

盒模型的高 = 上外边距 + 上边框 + 上内边距 + height + 下内边距 + 下边框 + 下外边距

对任务实践 3 - 1 中盒模型的宽与高进行计算，可知盒模型的宽为 262 px，高为 162 px。需要注意的是，width 属性和 height 属性仅适用于块级元素，对行内元素无效。

任务 3.2　边框属性

盒模型有四个边框，分别是上边框、下边框、左边框和右边框。CSS 边框属性包括边框宽度属性、边框样式属性和边框颜色属性。CSS3 中还增加了圆角边框属性和图片边框属性。

3.2.1　border – width（边框宽度属性）

border – width 属性用于指定边框的宽度，基本语法格式如下：

> 选择器{border - width:上 右 下 左;}

在上面的语法格式中，border – width 属性的常用取值单位为 px，属性值可以为 1~4 个，即一个值为四边，两个值为上下/左右边，三个值为上/左右/下边，四个值为上/右/下/左边，必须按照顺时针方向设置。

3.2.2　border – style（边框样式属性）

border – style 属性用于指定边框的样式，基本语法格式如下：

> 选择器{border - style:上 右 下 左;}

在上面的语法格式中，border – style 属性的常用属性值有 4 个，分别是 solid（边框为单实线）、dashed（边框为虚线）、dotted（边框为点线）、double（边框为双线），属性值可以为 1~4 个，即一个值为四边，两个值为上下/左右边，三个值为上/左右/下边，四个值为上/右/下/左边，必须按照顺时针方向设置。

3.2.3　border – color（边框颜色属性）

border – color 属性用于指定边框的颜色，基本语法格式如下：

> 选择器{border - color:上 右 下 左;}

在上面的语法格式中，border – color 属性的常用属性值为预定义的颜色值、十六进制值（常用）或 RGB 代码，属性值可以为 1~4 个，即一个值为四边，两个值为上下/左右边，三个值为上/左右/下边，四个值为上/右/下/左边，必须按照顺时针方向设置。

任务实践 3 – 2　盒模型边框属性的使用

任务描述：设置盒模型的宽度、高度及边框线。页面效果如图 3 – 6 所示。

图 3 – 6　盒模型边框属性的使用页面效果

任务分析：

①根据任务要求，在页面主体 < body > 中嵌入一对 < div > 标签。

②设置 < div > 标签的 width、height、border – style、border – width、border – color 属性。

任务实施：

```
1  <!DOCTYPE html>
2  <html>
3    <head>
4        <meta charset="UTF-8">
5        <title>盒模型边框属性</title>
6        <style type="text/css">
7                div{width: 200px;
8                height: 100px;
9                border-style: solid;
10               border-width: 1px 2px 3px 4px;
11               border-color:#ff9600;}
12       </style>
13   </head>
14   <body>
15     <div>
16           我是第一个盒子,看看我的边框属性。
17     </div>
18   </body>
19 </html>
```

3.2.4　border（边框综合属性）

虽然使用 border-style 属性、border-width 属性和 border-color 属性可以指定盒模型边框的宽度、样式和颜色，但是书写的代码较为烦琐，为此，CSS 提供了设置盒模型边框更为简单的属性——border，其语法格式如下：

选择器{border:宽度 样式 颜色;}

在上述语法格式中，宽度、样式和颜色无先后顺序。另外，若想单独设置某一侧的边框，可以使用单侧边框的综合属性 border-top（上边框综合属性）、border-right（右边框综合属性）、border-bottom（下边框综合属性）、border-left（左边框综合属性）进行设置。

任务实践 3-3　盒模型边框综合属性的使用

任务描述：设置盒模型宽度、高度、四个不同边框线样式。页面效果如图 3-7 所示。

图 3-7　模型边框综合属性的使用页面效果

任务分析：

①根据任务要求，在页面主体 < body > 中嵌入一对 < div > 标签。

②设置 < div > 标签的 width、height、border – top、border – left、border – right、border – bottom 属性。

任务实施：

```
1  <!DOCTYPE html >
2  <html >
3    <head >
4        <meta charset = "UTF – 8" >
5        <title >盒模型边框综合属性</title >
6        <style type = "text/css" >
7              div{width: 200px;
8              height: 100px;
9              border – top: 1px solid red;
10             border – left: 5px dotted green;
11             border – right: 10px double blue;
12             border – bottom: 5px solid black;}
13       </style >
14   </head >
15   <body >
16       <div >
17             我是第一个盒子,看看我的边框综合属性。
18       </div >
19   </body >
20  </html >
```

3.2.5 圆角边框属性

网页设计中，有时需要将盒模型设置成圆角边框，CSS3 提供的 border – radius 属性可以将直角边框设置成圆角边框，其语法格式如下：

选择器{border – radius:参数 1/参数 2;}

在上述语法格式中，参数 1 和参数 2 的取值单位均为 px 或百分比，参数 1 表示圆角的水平半径，参数 2 表示圆角的垂直半径，参数 1 与参数 2 之间用 "/" 隔开。

任务实践 3 – 4　盒模型圆角边框属性的使用

任务描述：设置盒模型宽度、高度、边框线、圆角边框。页面效果如图 3 – 8 所示。

任务分析：

①根据任务要求，在页面主体 < body > 中嵌入一对 < div > 标签。

图 3 – 8　盒模型圆角边框属性的使用页面效果

②设置 < div > 标签的 width、height、border、border – radius 属性。

任务实施：

```
1   <!DOCTYPE html >
2   <html >
3     <head >
4         <meta charset = "UTF – 8" >
5         <title >盒模型圆角边框属性</title >
6         <style type = "text/css" >
7             div{width: 200px;
8             height: 200px;
9             border: 5px solid red;
10            border – radius: 100px/50px;}
11        </style >
12    </head >
13    <body >
14        <div >
15            我是第一个盒子。
16        </div >
17    </body >
18   </html >
```

在使用 border – radius 属性时，如果将参数 2 省略，则会默认为参数 1（水平和垂直半径均为参数 1 的值）。在任务实践 3 – 4 的基础上，将 border – radius 属性值设置为 100 px，CSS 代码如下：

```
border – radius: 100px;          /* 未设置参数 2 */
```

保存并刷新页面，效果如图 3 – 9 所示。

图 3 – 9　未设置"参数 2"的圆角边框页面效果

从图 3 – 9 中可以看到，圆角边框的四角弧度大小相同，有时需要将圆角边框的四角弧度设置成不同大小，这时就要按照如下的语法格式书写：

```
选择器{border – radius:左上角水平 右上角水平 右下角水平 左下角水平/左上角垂直 右上角垂直
右下角垂直 左下角垂直;}
```

任务实践 3 –5　盒模型复杂圆角边框属性的使用

任务描述：设置盒模型宽度、高度、边框线、四个不同的圆角边框。页面效果如图 3 – 10 所示。

我是第一个盒子。

图 3 – 10　圆角边框四角弧度大小不同页面效果

任务分析：

①根据任务要求，在页面主体 < body > 中嵌入一对 < div > 标签。

②设置 < div > 标签的 width、height、border、border – radius 属性。

任务实施：

```
1  <!DOCTYPE html >
2  < html >
3    < head >
4        < meta charset = "UTF – 8" >
5        < title > 盒模型圆角边框属性 </title >
6        < style type = "text/css" >
7            div{width: 200px;
8            height: 100px;
9            padding: 50px;
10           border: 5px solid red;
11           border – radius: 20px 20px 0px 0px/20px 20px 0px 0px;}
12       </style >
13   </head >
14   < body >
15      < div >
16          我是第一个盒子。
17      </div >
18   </body >
19  </html >
```

在任务实践 3 – 5 的基础上，将 border – radius 属性的属性值设置为 20px 0px/30px 0px，CSS 代码如下：

```
border – radius: 20px 0px/30px 0px;
```

保存并刷新页面，效果如图 3 – 11 所示。从图 3 – 11 中看到，圆角边框的左上角、右下角水平半径为 20 px，左下角、右上角水平半径为 0 px，左上角、右下角垂直半径为 30 px，左下角、右上角垂直半径为 0 px。

图 3 – 11　2 个属性值的圆角边框页面效果

在任务实践 3 – 5 的基础上，将 border – radius 属性的属性值设置为 20px 30px 0px/30px 40px 0px，CSS 代码如下：

```
border - radius:20px 30px 0px/30px 40px 0px;
```

保存并刷新页面，效果如图 3 – 12 所示。从图 3 – 12 中看到，圆角边框的左上角水平半径为 20 px，左下角、右上角水平半径为 30 px，右下角水平半径为 0 px，左上角垂直半径为 30 px，左下角、右上角垂直半径为 40 px，右下角垂直半径为 0 px。

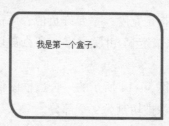

图 3 – 12　3 个属性值的圆角边框页面效果

3.2.6　图片边框属性

在网页设计中，有时需要将边框设置为图像样式，CSS3 提供的 border – image 属性可以实现这个效果，border – image 属性是一个简写属性，用于设置 border – image – source、border – image – slice、border – image – width、border – image – outset、border – image – repeat 等属性。

border – image – source 属性用于指定图像路径。语法格式如下：

```
选择器{border - image - source:none | <url>}
```

none 表示无背景图片；<url> 使用绝对或相对路径指定图像。

border – image – slice 属性用于将作为边框图像的图片切割为 9 个部分：4 个角部块、4 个边部块和 1 个中心块。

通过 border – image – slice 属性，边框图片会被 4 条分隔线分成 9 个部分，4 条分隔线分别从上、右、下、左 4 条边向图像内部进行偏移，具体偏移多少由 border – image – slice 属性的值来决定。

图 3 – 13 所示为作为边框图像的图片被分隔为 9 部分后的示意图。

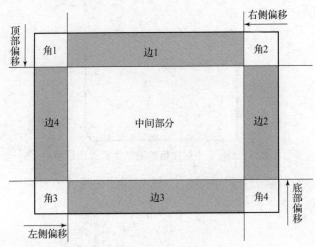

图 3 – 13   图片被分隔为 9 部分示意图

border – image – slice 语法格式如下：

```
选择器{border – image – slice:<number > | <percentage >|fill;}
```

其中，<number> 用浮点数指定宽度，不允许负值；<percentage> 用百分比指定宽度，不允许负值；fill 为关键字，如果指定了 fill 关键字，那么被切割的边框图像的中心块将作为元素的背景图像来使用。

举一个具体的例子，如果有图 3 – 14 所示的一个边框图像，在将 border – image – slice 属性设置为 100 之后，这个边框图像被切割为 9 个部分。

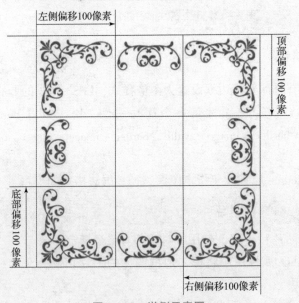

图 3 – 14   举例示意图

border – image – slice 属性可以接收 1 个、2 个、3 个或 4 个偏移值。如果为 border – image – slice 属性指定了 4 个偏移值，那么这些值会按上、右、下、左的顺序指定 4 条边的偏移值。

如果为 border – image – slice 属性指定了 3 个偏移值，那么第一个值指定顶部边的偏移值，第二个值指定左、右两条边的偏移值，第三个值指定底部边的偏移值。

如果为 border – image – slice 属性指定了 2 个偏移值，那么第一个值指定顶部和底部两条边的偏移值，第二个值指定左、右两条边的偏移值。

如果只为 border – image – slice 属性指定了 1 个偏移值，那么所有的边都使用这个值作为偏移值。

边框图像被切割的角部块会被放置到元素相应的边框角部位置。同样，边部块会被放置到元素相应的边框边部位置，至于边部的边框图像如何重复平铺，则通过 border – image – repeat 属性来指定。这些切片的大小和位置分别由 border – image – width 属性和 border – image – outset 属性来指定。

除非在 border – image – slice 属性中指定 fill 关键字，否则中心块切片不会被使用。如果使用了 fill 关键字，那么中心块切片的图像会被作为元素的背景图像来使用。fill 关键字可以放置在 border – image – repeat 属性值的任何位置，可以在值的前面、后面，甚至是在两个值的中间。

使用 border – image – slice 属性设置偏移值之后，得到的切片可能会重叠。如果左侧切片的宽度加上右侧切片的宽度大于等于边框图像的宽度，那么顶部和底部以及中间部分的边框图像就会被置空，效果等同于为这些切片指定透明空白的背景图像。同理，如果顶部切片的高度加上底部切片的高度大于等于边框图像的高度，那么左侧和右侧以及中间部分的边框就会被置空。

border – image – width 属性用于指定边框的宽度。语法格式如下：

```
选择器{border – image – width:<length> | <percentage> | <number> | auto;}
```

其中，<length> 用长度值指定宽度，不允许负值；<percentage> 用百分比指定宽度，不允许负值；<number> 用浮点数指定宽度，不允许负值；auto 自动，表示 border – image – width 采用与 border – image – slice 相同的值。

border – image – outset 属性用于指定边框图像向盒子外部延伸的距离（边框图像区域超出边框量，即偏移量）。语法格式如下：

```
选择器{border – image – outset:<length> | <number>;}
```

其中，<length> 用长度值指定宽度，不允许负值；<number> 用浮点数指定宽度，不允许负值。

border – image – repeat 属性用于指定裁切后图片的填充方式，可选属性值包括 stretch、repeat、round，分别为拉伸、重复、平铺，默认值为 stretch。语法格式如下：

```
选择器{border – image – repeat:stretch | repeat | round | space;}
```

任务实践 3 – 6   盒模型图片边框属性的使用

任务描述：为盒模型设置图片边框，原始图片如图 3 – 15 所示，页面效果如图 3 – 16 所示。

图 3 – 15 原始图片   图 3 – 16 盒模型图片边框属性的使用页面效果

任务分析：

①根根据任务要求，在页面主体 < body > 中嵌入一对 < div > 标签。

②设置 < div > 标签的样式属性 border – image – source、border – image – slice、border – image – outset、border – image – repeat。

任务实施：

```
1  < ! DOCTYPE html >
2    < html >
3    < head >
4        < meta charset = "UTF – 8" >
5        < title >盒模型图片边框属性 < /title >
6        < style type = "text/css" >
7            div{width: 200px;
8            height: 200px;
9            border – style: solid;
10           border – image – source:url( img/3.png);
11           border – image – slice:33%;
12           border – width:64px;
13           border – image – outset:0px;
14           border – image – repeat: repeat;}
15       < /style >
16   < /head >
17   < body >
18       < div >
19           我有图片边框。
20       < /div >
21   < /body >
22  < /html >
```

本任务实践中，border – image – slice:33%;表示盒子四个角的图像裁切方式为 100%/

$3 \approx 33\%$，分别显示图 3 – 15 中的数字 1、3、9、7 部分；border – width:64px；表示显示的图片宽度为 213 px × 33% ≈ 64 px；border – image – outset:0px；表示边框无偏移；border – image – repeat：repeat；表示图 3 – 15 中的数字 2、4、6、8 部分重复。

任务 3.3　边距属性

CSS 的边距属性包括外边距属性和内边距属性。

3.3.1　外边距属性

外边距属性（margin）用于指定盒子的外边框与其他网页元素之间的距离，常用的取值单位为 px 或百分比，其语法格式如下：

```
选择器{margin:上边距 右边距 下边距 左边距;}
```

任务实践 3 – 7　盒模型外边距属性的使用

任务描述：设置盒子的外边距。页面效果如图 3 – 17 所示。

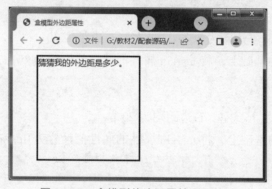

图 3 – 17　盒模型外边距属性页面效果

任务分析：

①根据任务要求，在页面主体 < body > 中嵌入一对 < div > 标签，并输入内容。

②设置 < div > 标签的外边距属性 margin。

任务实施：

```
1  <!DOCTYPE html >
2  <html >
3    <head >
4        <meta charset = "UTF – 8" >
5        <title >盒模型外边距属性 </title >
6        <style type = "text/css" >
7            div{width: 200px;
8            height: 200px;
9            border – style: solid;
```

```
10              margin:10px 20px 30px 40px;}
11      </style>
12  </head>
13  <body>
14      <div>
15          猜猜我的外边距是多少。
16      </div>
17  </body>
18  </html>
```

在任务实践 3 – 7 的基础上，将 margin 属性的属性值设置为 10px 20px 30px，CSS 代码如下：

```
margin:10px 20px 30px;
```

上述代码表示外上边距为 10 px，外左、右边距为 20 px，外下边距为 30 px。

在任务实践 3 – 7 的基础上，将 margin 属性的属性值设置为 20px 30px，CSS 代码如下：

```
margin:20px 30px;
```

上述代码表示外上、下边距为 20 px，外左、右边距为 30 px。

在任务实践 3 – 7 的基础上，将 margin 属性的属性值设置为 20px，CSS 代码如下：

```
margin:20px;
```

上述代码表示外上、下、左、右边距均为 20 px。

在任务实践 3 – 7 的基础上，将 margin 属性的属性值设置为 0px auto，CSS 代码如下：

```
margin:0px auto;
```

上述代码表示盒子与其他网页元素的上、下距离为 0 px，左、右距离自动，即该盒子在其父元素内水平左右居中，在实际工作中，常用这种方式进行网页的布局。

另外，根据上、下、左、右四个方向，可将外边距细分为上边距（margin – top）、下边距（margin – bottom）、左边距（margin – left）、右边距（margin – right）。

3.3.2 内边距属性

内边距属性（padding）用于指定盒子的内边框与其内容之间的距离，常用的取值单位为 px 或百分比，其语法格式如下：

```
选择器{padding:上边距 右边距 下边距 左边距;}
```

任务实践 3 – 8   盒模型内边距属性的使用

任务描述：设置盒子的内边距。页面运行效果如图 3 – 18 所示。

任务分析：

①根据任务要求，在页面主体 < body > 中嵌入一对 < div > 标签。

图3－18　盒模型内边距属性页面效果

②设置 < div > 标签的外边距属性 padding。

任务实施：

```
1  <!DOCTYPE html >
2  < html >
3    < head >
4        < meta charset = "UTF - 8" >
5        < title > 盒模型内边距属性 < / title >
6        < style type = "text/css" >
7                div{width: 200px;
8                height: 200px;
9                border - style: solid;
10               padding:10px 20px 30px 40px;}
11       < / style >
12    < / head >
13    < body >
14        < div >
15            猜猜我的内边距是多少。
16        < / div >
17    < / body >
18  < / html >
```

在任务实践3－8的基础上，将 padding 属性的属性值设置为10px 20px 30px，CSS 代码如下：

```
padding:10px 20px 30px;
```

上述代码表示内上边距为10 px，内左、右边距为20 px，内下边距为30 px。

在任务实践3－8的基础上，将 padding 属性的属性值设置为20px 30px，CSS 代码如下：

```
padding:20px 30px;
```

上述代码表示内上、下边距为20 px，内左、右边距为30 px。

在任务实践3－8的基础上，将 padding 属性的属性值设置为20px，CSS 代码如下：

```
padding:20px;
```

上述代码表示内上、下、左、右边距均为 20 px。

另外，根据上、下、左、右四个方向，可将内边距细分为上边距（padding – top）、下边距（padding – bottom）、左边距（padding – left）、右边距（padding – right）。

在实际工作中，为了更方便地控制网页中的元素，在制作网页时，常使用如下代码清除某些元素（body 元素、h1 ~ h6 元素、p 元素等）的默认内边距或外边距。

```
*{margin: 0px;        /*清除外边距 */
padding: 0px;}        /*清除内边距 */
```

任务 3.4 box – sizing 属性

当一个盒子的总宽度或总高度确定之后，如果想要给盒子添加边框或内边距，那么只有更改 width 或者 height 属性的属性值，才能保证盒子的总宽度或总高度不变，这样的操作既烦琐又易出错，而 CSS3 中新增的 box – sizing 属性，就可以轻松地解决这一问题。box – sizing 属性用于定义盒子的 width 属性和 height 属性的属性值是否包含元素的内边距和边框，box – sizing 属性的属性值有 content – box（默认值）、border – box 和 inherit。语法格式如下：

```
选择器{ box – sizing:content – box | border – box;}
```

• content – box：在宽度和高度之外绘制元素的内边距和边框，即当定义 width 属性和 height 属性时，它们的属性值不包含边框和内边距的值。

• border – box：为元素指定的任何内边距和边框都将在已设定的宽度和高度内进行绘制，通过从已设定的 width 属性和 height 属性中分别减去边框和内边距的值才能得到内容的宽度和高度，即当定义 width 属性和 height 属性时，它们的属性值已经包含边框和内边距的值。

• inherit：规定从父元素继承 box – sizing 属性的属性值。

任务实践 3 – 9 盒模型 box – sizing 属性的使用

任务描述：页面显示两个盒子，分别设置不同的 box – sizing 属性，计算这两个盒子的宽度和高度。页面效果如图 3 – 19 所示。

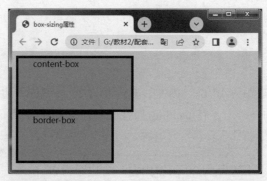

图 3 – 19 盒模型 box – sizing 属性的使用页面效果

任务分析：

①根据任务要求，在页面主体<body>中嵌入两个<div>标签，并输入内容；

②设置上述两个<div>标签具有相同的宽度、高度、背景颜色、边框线及内左边距属性；

③设置其中一个<div>标签的box–sizing：content–box，另一个<div>标签的box–sizing：border–box。

任务实施：

```
1  <!DOCTYPE html>
2  <html>
3  <head>
4      <meta charset="UTF-8">
5      <title>box-sizing 属性</title>
6      <style type="text/css">
7          body{background-color:#c7e8f6;}
8          .box{ width:200px;
9          height:100px;
10         background-color:darkorange;
11         border:5px solid #000000;
12         padding-left:30px;}
13         .box1{ box-sizing:content-box;}
14         .box2{ box-sizing:border-box;}
15     </style>
16  </head>
17  <body>
18     <div class="box box1">content-box</div>
19     <div class="box box2">border-box</div>
20  </body>
21  </html>
```

注意：IE、Opera 和 Chrome 浏览器支持 box–sizing 属性，Firefox 不支持该属性，但支持使用–moz–box–sizing 属性替代 box–sizing 属性。

任务3.5　阴影属性

在网页设计中，有时需要为盒子设置阴影效果，CSS3 提供了 box–shadow 属性用于实现盒模型的阴影效果，其语法格式如下：

选择器{box–shadow:像素值1 像素值2 像素值3 像素值4 颜色值 阴影类型;}

上述语法中包含 6 个参数，其中，像素值 1 为必填项，表示水平阴影位置；像素值 2 为必填项，表示垂直阴影位置；像素值 3 为可选项，表示阴影模糊半径（虚实）；像素值 4 为可选项，表示阴影扩展半径（影子大小）；颜色值为可选项，表示阴影颜色；阴影类型为可选项，表示内阴影（inset）或外阴影（outset），外阴影是默认的。

任务实践 3 – 10　盒模型阴影属性的使用

任务描述：为盒模型设置阴影效果。页面效果如图 3 – 20 所示。

图 3 – 20　盒模型阴影属性页面效果

任务分析：

①根据任务要求，在页面主体 < body > 中嵌入一对 < div > 标签。

②设置该盒子的 box – shadow 属性。

任务实施：

```
1  <!DOCTYPE html >
2  <html >
3    <head >
4       <meta charset = "UTF – 8" >
5       <title >盒模型阴影属性 </title >
6       <style type = "text/css" >
7            div{width: 200px;
8            height: 200px;
9            border – style: solid;
10           box – shadow: 5px 5px 10px #000000;}
11      </style >
12   </head >
13   <body >
14     <div >
15          看看我的阴影效果。
16     </div >
17   </body >
18  </html >
```

任务 3.6　背景属性

在 CSS 中可以使用背景属性为盒模型创建多种样式的背景。背景属性包括背景颜色、背景图像、背景图像平铺、背景图像的位置、背景图像的透明度、背景图像的固定等。

3.6.1　背景颜色

设置元素的背景颜色可以通过 background – color 属性进行设置，语法格式如下：

```
选择器{background-color:transparent | color;}
```

上述语法格式中的属性值 color 可使用预定义的颜色值、十六进制#RRGGBB、RGB 代码 rgb(r,g,b)或 RGBA 代码 rgba(r,g,b,alpha)。background – color 的默认值为 transparent，即背景透明，此时子元素会显示其父元素的背景。

3.6.2　背景图像的透明度

1. rgba 模式

可以使用 CSS3 新增加的颜色模式来设置背景图像的透明度，它是 RGB 模式的扩展，此颜色模式与 RGB 基本相同，只是在 RGB 模式的基础上新增加了 alpha 透明度，其语法格式如下：

```
选择器{background-color:rgba(r,g,b,alpha);}
```

上述语法格式中，前三个参数与 RGB 中的参数含义相同，alpha 参数为 0 ~ 1 的浮点数，0 表示完全透明，1 表示完全不透明。

任务实践 3 – 11　盒模型 rgba 模式的应用

任务描述：为盒子设置半透明的背景颜色。页面效果如图 3 – 21 所示。

图 3 – 21　rgba 模式页面效果

任务分析：

①根据任务要求，在页面主体 < body >中嵌入一对 < div >标签。

②设置盒子的 background – color:rgba( )样式。

任务实施：

```
1 <!DOCTYPE html>
2 <html>
```

```
3    < head >
4        < meta charset = "UTF - 8" >
5        < title > rgba 模式 < /title >
6        < style type = "text/css" >
7            body{ background - color: #c7e8f6;}
8            div{width:200px; height: 100px;
9            background - color:rgba(255,0,0,0.5); }
10       < /style >
11   < /head >
12   < body >
13       < div > rgba 模式 < /div >
14   < /body >
15   < /html >
```

2. opacity 属性

在 CSS3 中也可以使用 opacity 属性设置任何元素的透明效果。语法格式如下：

```
选择器{opacity:value;}
```

上述语法格式中，value 指定不透明度，通常设置为 0 ~ 1 的浮点数，从 0.0（完全透明）到 1.0（完全不透明）。

需要注意的是，如果使用 opacity 属性设置盒模型的透明效果，那么该盒模型的背景和内容均会被设置成透明效果。即 opacity 属性具有继承性，会使容器中的所有元素都具有透明度。

任务实践 3 - 12　opacity 属性的应用

任务描述：利用 opacity 属性分别设置三个盒模型的不同的透明度。页面效果如图 3 - 22 所示。

图 3 - 22　opacity 属性的应用页面效果

任务分析：

①根据任务要求，在页面主体 < body > 中嵌入三对 < div > 标签。

②分别为三个 < div > 标签的 opacity 属性定义不同的属性值。

任务实施：

```
1  <!DOCTYPE html >
2  <html >
3    <head >
4         <meta charset = "UTF-8" >
5         <title >opacity 属性的应用 </title >
6         <style type = "text/css" >
7         div{
8              width: 150px;
9              height: 50px;
10              background-color: red;
11              border: 2px solid black;
12         }
13        div:nth-child(1){
14              opacity: 0;
15         }
16        div:nth-child(2){
17              opacity: 0.5;
18         }
19        div:nth-child(3){
20              opacity: 1;
21         }
22        </style >
23    </head >
24    <body >
25        <div >我的透明度是 0 </div >
26        <div >我的透明度是 0.5 </div >
27        <div >我的透明度是 1 </div >
28    </body >
29  </html >
```

3.6.3 背景图像

背景图像可以通过 background-image 属性进行设置，其属性值为 url（背景图像的文件路径）值。即 background-image 属性用于为某个元素设置一个或多个背景图像，各个背景图像以堆叠的方式逐张放置在元素的上面。默认地，背景图像位于元素的左上角，并在水平和垂直方向上重复。语法格式如下：

```
选择器{background-image:none | url(url);}
```

任务实践 3-13   background-image 属性的应用

任务描述：页面中显示一张图片，该图片上显示文字 $29.8。页面效果如图 3-23 所示。

图 3 - 23   background - image 属性的应用页面效果

任务分析：

①根据任务要求，在页面主体 < body > 中添加一个 < div > 标签，并输入文字 $29.8；

②设置 < div > 标签的背景属性 background - image。

任务实施：

```
1  <!DOCTYPE html >
2  <html >
3    <head >
4        <meta charset = "UTF - 8" >
5        <title >背景图像属性</title >
6        <style type = "text/css" >
7             body{ background - color: #c7e8f6;}
8             div{width: 192px;
9             height: 148px;
10            background - image: url(img/4.png);}
11       </style >
12   </head >
13   <body >
14       <div > $ 29.8 </div >
15   </body >
16  </html >
```

3.6.4 背景图像平铺

通常将背景图像设置为沿着水平和垂直两个方向平铺，如果不希望背景图像平铺，或者只沿着水平或垂直方向平铺，就要通过设置 background - repeat 属性来实现，语法格式如下：

选择器{background - repeat: repeat | no - repeat | repeat - x | repeat - y;}

上述语法格式中，repeat 指图像沿水平和垂直两个方向平铺（默认值），no - repeat 指图像不平铺，repeat - x 指图像只沿水平方向平铺，repeat - y 指图像只沿垂直方向平铺。

任务实践 3 - 14   background - repeat 属性的应用

任务描述：设计一个页面，背景颜色为蓝色，背景图片横向平铺。页面效果如图 3 - 24 所示。

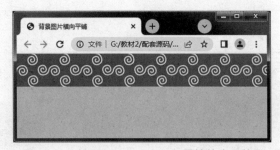

图 3 - 24 background - repeat 属性的应用效果

任务分析：

根据任务要求，设置 < body > 标签的 background - color、background - repeat 属性。

任务实施：

```
1  <!DOCTYPE html >
2  <html >
3    < head >
4        < meta charset = "UTF - 8" >
5        <title >背景图像横向平铺 </title >
6        < style type = "text/css" >
7              body{background - color: #c7e8f6;
8                    background - image: url(img/5.jpg);
9                    background - repeat: repeat - x;}
10       </style >
11   </head >
12   < body >
13   </body >
14 </html >
```

3.6.5 设置背景图像位置

如果背景图像不平铺，则图像会默认以盒模型的左顶角为基准点显示。如果希望背景图像显示在该盒模型的其他位置，那么就需要设置 background - position 属性来实现。其语法格式如下：

选择器{background - position:水平位置 垂直位置;}

上述语法格式中，水平位置和垂直位置的取值有多种。

①使用数值 px 直接设置背景图像在盒模型中的位置，如 background - position:20px 30px;，表示背景图像左顶点与盒模型左顶点的水平距离为 20 px，垂直距离为 30 px。background - position:50px 30px;，表示背景图像左顶点与盒模型左顶点的水平距离为 50 px，垂直距离为30 px，如图 3 - 25 所示。background - position: - 10px 20px;，表示背景图像离开盒模型边缘，反方向移动，左顶点与盒模型左顶点的水平距离为 - 10 px，垂直距离为 20 px，如图 3 - 26 所示。

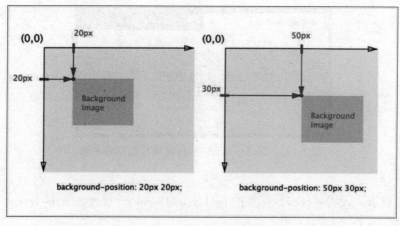

图 3 - 25　使用数值 px 直接设置背景图像的位置（正数）

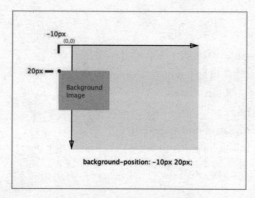

图 3 - 26　使用数值 px 直接设置背景图像的位置（负数）

②使用关键字指定背景图像在盒模型中的位置。水平位置可以使用 left、center、right；垂直位置可以使用 top、center、bottom。如 background - position：left center；，表示背景图像靠在盒模型的最左侧、图像的中心点在盒模型的垂直中心位置，如图 3 - 27 所示。若只有一个值，则另一个值默认为 center。

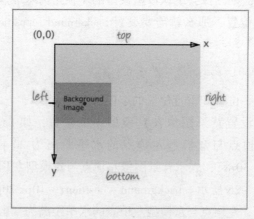

图 3 - 27　使用关键字指定背景图像在盒模型中的位置

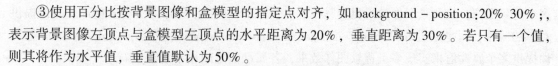

③使用百分比按背景图像和盒模型的指定点对齐，如 background – position:20% 30%;，表示背景图像左顶点与盒模型左顶点的水平距离为20%，垂直距离为30%。若只有一个值，则其将作为水平值，垂直值默认为50%。

任务实践 3 – 15　background – position 属性的应用

任务描述：页面中显示一个盒子，设置该盒子的背景图像及位置。页面效果如图 3 – 28 所示。

图 3 – 28　background – position 属性的应用页面效果

任务分析：

①根据任务要求，在页面主体 < body > 中嵌入一对 < div > 标签。

②设置 < div > 标签的属性 background – image、background – position。

任务实施：

```
1  <!DOCTYPE html >
2  <html >
3    <head >
4      <meta charset = "UTF – 8" >
5      <title >背景图像的位置 </title >
6      <style type = "text/css" >
7          body{background – color: #c7e8f6;}
8          div{ width:102px;
9          height: 29px;
10         line – height: 29px;
11         background – image: url( img/6.gif);
12         background – position:0px 29px;
13         color:white;
14         text – align: center;}
15     </style >
16   </head >
17   <body >
18     <div >网站首页 </div >
19   </body >
20 </html >
```

3.6.6　设置多重背景图像

在 CSS3 之前的级别中，一个盒模型只能填充一张背景图像，如果重复设置，则设置的背景图像将覆盖之前的背景。CSS3 中增加了多重背景图像的功能，允许一个盒模型里显示多个背景图像，使背景图像效果更容易控制。但是 CSS3 中并没有为实现多重背景图像提供对应的属性，而是通过 background – image、background – repeat 和 background – position 等属性提供多个属性值来实现多重背景图像效果，各属性值之间用半角逗号隔开。

任务实践 3 – 16   制作"卷纸"页面

任务描述：实现多重背景图像效果，页面效果如图 3 – 29 所示。

图 3 – 29   设置多重背景图像页面运行效果

任务分析：

①根据任务要求，在页面主体 < body > 中嵌入一对 < div > 标签。

②设置 < div > 标签的背景图像属性 background – image、background – repeat 及 background – position 属性。

任务实施：

```
1  < !DOCTYPE html >
2  < html >
3      < head >
4          < meta charset = "UTF – 8" >
5          < title >设置多重背景图像< /title >
6          < style >
7                  div{
8                  box – sizing: border – box;
9                  width: 334px;
10                 height: 403px;
11                 background – image: url(img/h1.jpg),url(img/h2.jpg),url
12 (img/h3.jpg);
13                 background – repeat: no – repeat;
14                 background – position: 0px 0px,0px 69px,0px 311px;
15                 writing – mode: vertical – lr;/* 定义了文本在水平或垂直方向上如何
16 排布 */
16                 letter – spacing: 10px;
17                 font – size: 48px;
18                 padding – top: 70px;
```

```
20                padding - left:130px;
21                    }
22            </style >
23    </head >
24    <body >
25        <div >
26                砥砺前行
27        </div >
28    </body >
29 </html >
```

上述盒模型背景是由 3 张小图像组合而成的。在使用多个背景图像时，先把 background - image 属性值用逗号隔开，列出想用的图像（图像有层叠顺序，前面的背景图像会覆盖在后面的背景图像之上），然后用 background - repeat 定义背景图像不重复，最后用 background - position 定义每张小图的位置。

3.6.7　背景图像的固定

当网页内容较多时，背景图像会随着页面滚动条的移动而移动，如果希望背景图像固定在屏幕的某一位置，不随着滚动条移动，那么可以通过设置 background - attachment 属性来实现，语法格式如下：

```
选择器{background - attachment: scroll |fixed| inherit;}
```

上述语法格式中，scroll 指图像随着页面元素一起移动（默认值），fixed 指图像固定在屏幕上，不随着页面元素移动，inherit 指继承其父元素 background - attachment 属性值。

任务实践 3 – 17　background – attachment 属性的应用

任务描述：实现页面背景图像位置固定效果。页面效果如图 3 – 30 所示。

图 3 – 30　背景图像的固定页面效果

任务分析：

①根据任务要求，在页面主体 < body > 中嵌入 < h1 >、< p > 标签，使页面出现垂直滚

动条，以便观察页面背景图像位置固定效果。

②设置 < body > 标签的属性 background – image、background – repeat、background – position 及 background – attachment。

任务实施：

```
1  <!DOCTYPE html >
2  <html >
3    <head >
4        <meta charset = "UTF – 8" >
5        <title >背景图像的固定 </title >
6        <style type = "text/css" >
7            body{background – color: #c7e8f6;
8            background – image:url(img/7.jpg);
9            background – repeat: no – repeat;
10           background – position:50px 100px;
11           background – attachment: fixed;}
12           h1{text – align: center;}
13           p{ text – indent: 2em; line – height:30px;}
14       </style >
15   </head >
16   <body >
17       <h1 >我的木马梦 </h1 >
18       <p >木马是不是大家小时候很喜欢玩的东西呢？骑在上面玩一整天都不会觉得厌
19       倦,现在真的很羡慕小时候的那段时光。这款新奇的木马是根据原有的木马造型进
20       行过一定的改造,像一只披着长长锁子甲的战马。</p >
21       <p >特洛伊木马的故事起源于古希腊的一个传说,希腊联军围困特洛伊久攻不下,
22       于是假装撤退,留下一个巨大的中空木马,特洛伊守军不知是计,把木马运进城中作
23       为战利品。夜深人静之际,在木马腹中躲藏的希腊士兵打开城门,特洛伊沦陷。后
24       人常用"特洛伊木马"这一典故,用来比喻在敌方营垒里埋下伏兵里应外合的活动。特
25       洛伊木马也是著名计算机木马程序的名字。</p >
26   </body >
27 </html >
```

3.6.8 背景复合属性

同边框属性一样，在 CSS 中，背景属性也是一个复合属性，可以将背景相关的样式都综合定义在一个复合属性 background 中。使用 background 属性综合设置背景样式的语法格式如下：

```
选择器{background: background – color background – image background – repeat
background – attachment;}
```

任务实践 3 – 18 背景复合属性的应用

任务描述：使用复合属性 background 制作列表项目符号。页面效果如图 3 – 31 所示。

图 3 – 31　背景复合属性的应用页面运行效果

任务分析：

①根据任务要求，在页面主体 < body > 中嵌入 < ul > 标签，并嵌套 < li > 标签。

②定义 < li > 标签 list – style：none；及背景复合属性 background（用于定义项目符号图像及位置）。

任务实施：

```
1  < !DOCTYPE html >
2  < html >
3     < head >
4         < meta charset = "UTF – 8" >
5         < title >背景复合属性的应用 < /title >
6         < style type = "text/css" >
7             * {
8                 margin: 0px;
9                 padding: 0px;
10                box – sizing: border – box;
11            }
12            h2 {
13                width: 500px;
14                color: cadetblue;
15                margin: 10px auto;
16            }
17            ul li {
18                width: 500px;
19                height: 30px;
20                line – height: 30px;
21                list – style: none;
22                background:#eff4f4 url(img/tubiao.png) no – repeat 0px
23                8px;/* 图像高度14px,li 高度30px,则图像下移(30px – 14px)/2 =
24                8px 正好实现其垂直居中效果 */
25                padding – left: 30px;
26                margin: 0px auto;
27            }
28        < /style >
29    < /head >
```

```
30    <body>
31        <h2>生态文明建设的重要性</h2>
32        <ul>
33            <li>良好生态环境是最普惠的民生福祉</li>
34            <li>良好生态环境是人类生存与健康的基础</li>
35            <li>良好生态环境是展现我国良好形象的发力点</li>
36        </ul>
37    </body>
38 </html>
```

任务 3.7 渐变属性

在网页设计中，有时需要为盒模型添加渐变的背景效果，在 CSS3 之前通常都要通过设置背景图像的方法来实现，而 CSS3 提供了渐变函数，通过渐变函数能够轻松地实现在两个或多个指定的颜色之间显示平稳的过渡效果，CSS3 的渐变属性主要包括线性渐变（linear – gradient）和径向渐变（radial – gradient）。

3.7.1 线性渐变（linear – gradient）

线性渐变（linear – gradient）是指沿着一根轴线改变颜色，从起点到终点颜色按照顺序进行渐变。其语法格式如下：

```
选择器{background – image:linear – gradient(渐变角度,颜色值1 位置1,颜色值2 位置2,…,
颜色值n 位置3);}
```

上述语法格式中的渐变角度可不写，默认值为 to bottom（即 180%），用来指定渐变的方向，即水平线与渐变线之间的夹角，可以是具体的角度值，单位为 deg，也可以直接指定方位，包括 to left、to right、to top、to bottom。为实现渐变，还至少需要定义两个颜色节点，每个颜色节点可由两个参数组成，其中颜色值为必填项，每个颜色值后面还可以跟一个百分比数值，表示指定颜色的基线位置，百分比数值之间是过渡色，这个百分比数值为可选项。

任务实践 3 – 19 线性渐变属性

任务描述：实现盒模型背景为粉色与绿色的线性渐变。页面运行效果如图 3 – 32 所示。

图 3 – 32 线性渐变属性页面效果

任务分析：

①根据任务要求，在页面主体<body>中嵌入一对<div>标签。

②设置<div>标签的线性渐变background－image:linear－gradient( );。

任务实施：

```
1  <!DOCTYPE html>
2  <html>
3      <head>
4          <meta charset = "UTF-8">
5          <title>线性渐变属性</title>
6          <style type = "text/css">
7                  div{width: 200px;
8                      height: 200px;
9                      background-image:linear-gradient(to top,#d3959b 20%,
10 #bfe6ba 90% );}
11          </style>
12      </head>
13      <body>
14          <div></div>
15      </body>
16  </html>
```

从任务实践3-18中可以分析出，距离底端20%的位置是一条粉色基线，距离底端90%的位置是一条绿色基线，20%~90%之间是粉色到绿色过渡区域，0%~20%之间是省略掉的粉色0%到粉色20%，即粉色到粉色的过渡区域，因此变成了粉色的实色，没有渐变，也就是粉色实色是从0%开始，到20%结束。同理，剩下的绿色90%到绿色100%为绿色的实色，也就是绿色实色从90%开始，到100%结束，效果分析。中间的20%~90%是粉绿过渡区域，如图3-33所示。

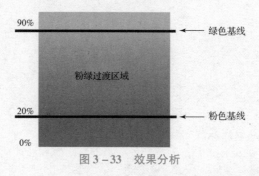

图3-33 效果分析

3.7.2 径向渐变（radial－gradient）

径向渐变（radial－gradient）是指起始颜色会从一个中心点开始，依据椭圆或圆形进行扩张渐变。其语法格式如下：

选择器{background - image:radial - gradient(渐变形状 圆心位置,颜色值1,颜色值2,…,颜色值 n);}

上述语法格式中的渐变形状用来定义径向渐变的形状,其取值可以是水平和垂直半径的像素值或百分比,还可以是"circle"(圆形的径向渐变)和"ellipse"(椭圆形的径向渐变);定位圆心关键字用于确定盒模型渐变的中心位置,可以包括关键字 at、top、bottom、left、right 和 center,并且可以用百分比或长度表示定位;圆形尺寸关键字可以选择 closest - side(渐变的边缘形状与容器距离渐变中心最近的一切相切即圆形或者至少与距离渐变中心最近的垂直和水平边相切即椭圆)、farthest - side(与 closest - side 相反,边缘形状与容器距离渐变中心点最远的一边相切或最远的垂直和水平边)、closest - corner(渐变的边缘形状与容器距离渐变中心点最近的一个角相交)和 farthest - corner(渐变的边缘形状与容器距离渐变中心点最远的一个角相交)四种形式。

任务实践 3 - 20　径向渐变属性的应用

任务描述:实现盒子背景为红色与黄色的径向渐变效果。页面运行效果如图 3 - 34 所示。

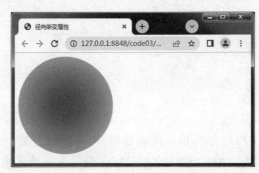

图 3 - 34　径向渐变属性页面效果

任务分析:

①根据任务要求,在页面主体 < body > 中嵌入一对 < div > 标签。

②设置 < div > 标签的径向渐变 background - image:radial - gradient( );。

任务实施:

```
1  <!DOCTYPE html >
2  <html >
3    <head >
4        <meta charset = "UTF - 8" >
5        <title >径向渐变属性 </title >
6        <style type = "text/css" >
7            div{width: 200px;
8            height: 200px;
9            border - radius:100px;          /*盒子圆角边框*/
10           background - image:radial - gradient(circle at center,red,
11  yellow);}
12       </style >
```

```
13    < /head >
14    < body >
15       < div > < /div >
16    < /body >
17  < /html >
```

任务3.8 重复渐变

3.8.1 重复线性渐变（repeating – linear – gradient）

在 CSS3 中，通过 background – image：repeating – linear – gradient（参数值）；可以实现重复线性渐变的效果，语法如下：

```
选择器｜background – image：repeating – linear – gradient(渐变角度,颜色值1 位置1,颜色值2 位置2,…,颜色值n 位置n);｝
```

任务实践3 – 21 重复线性渐变

任务描述：实现盒子背景为重复线性渐变效果。页面运行效果如图3 – 35 所示。

图3 – 35 重复线性渐变页面效果

任务分析：

①根据任务要求，在页面主体 < body > 中嵌入一对 < div > 标签。

②设置 < div > 标签的重复线性渐变 background – image：repeating – linear – gradient( )；。

任务实施：

```
1  <!DOCTYPE html >
2  < html >
3    < head >
4        < meta charset = "UTF – 8" >
5        < title >重复线性渐变 < /title >
6        < style >
7              div{
8                   width：150px；
9                   height：40px；
10                  line – height：40px；
11                  text – align：center；
12                  background – image：repeating – linear – gradient( –45deg,
13  #f5b17a, #f5e57a 5px, #ffffff 5px, #ffffff 8px);
```

· 121 ·

```
14                 |
15            < /style >
16       < /head >
17       < body >
18            < div >
19                 网站首页
20            < /div >
21       < /body >
22   < /html >
```

3.8.2 重复径向渐变（repeating – radial – gradient）

在 CSS3 中，通过 background – image：repeating – radial – gradient（参数值）；可以实现重复径向渐变的效果，语法如下：

选择器{background – image：repeating – radial – gradien(渐变角度,圆心位置,颜色值1 位置1,颜色值2 位置2,…,颜色值n 位置n);}

上述语法格式中圆形尺寸关键字与径向渐变的圆形尺寸关键字一样。

任务实践 3 – 22　重复径向渐变

任务描述：实现盒子背景为重复径向渐变效果。页面效果如图 3 – 36 所示。

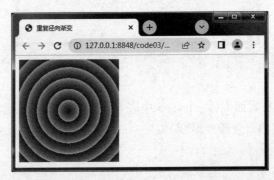

图 3 – 36　重复径向渐变页面运行效果

任务分析：

①根据任务要求，在页面主体 < body > 中嵌入一个 < div > 标签。

②设置 < div > 标签的重复线性渐变 background – image：repeating – radial – gradient( )。

任务实施：

```
1  < ! DOCTYPE html >
2  < html >
3      < head >
4          < meta charset = "UTF – 8 " >
5          < title >重复径向渐变 < /title >
```

```
6              < style >
7                  div{
8                      width: 200px;
9                      height:200px;
10                     background – image: repeating – radial – gradient(closest –
11                     corner, #8843f8 0% ,#ef2f88 5% ,#f47340 10% ,#f9d371 15% );}
12             < /style >
13     < /head >
14     < body >
15          < div > < /div >
16     < /body >
17 < /html >
```

项目分析

　　从页面效果可以看出，该答题页面由整体（＜div＞）、标题文字模块（＜h1＞）、主体内容模块（＜main＞）和底部（＜hr＞）等部分构成，页面标注如图 3 - 37 所示，页面结构如图 3 - 38 所示。

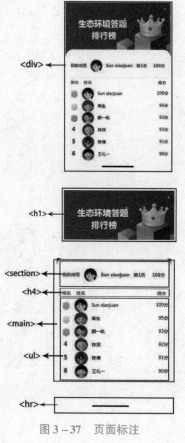

图 3 - 37　页面标注

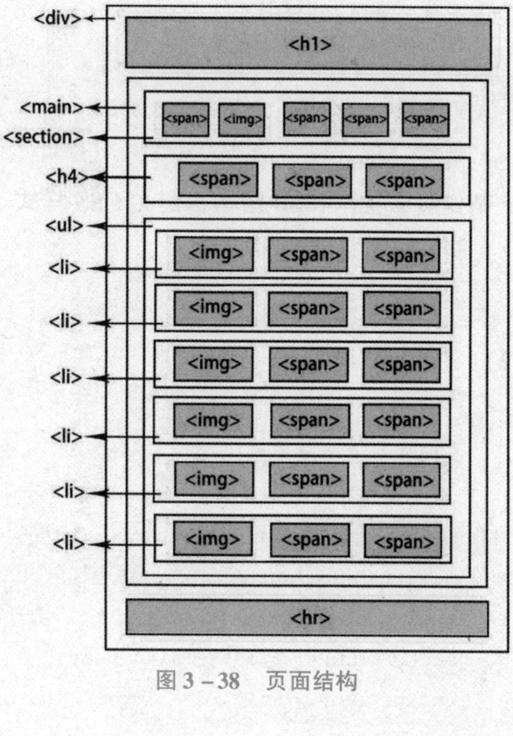

图 3 - 38　页面结构

该页面的实现细节具体分析如下：

①页面整体由 < div > 标签构成，该标签使用了复合背景属性。

②标题文字模块由 < h1 > 标签构成。

③主体内容模块由 < main > 标签构成，该标签使用了圆角边框属性。

④主体内容模块的"我的成绩"模块由 < section > 标签嵌套 < img > 标签和四个 < span > 标签构成。

⑤主体内容模块的"排名、姓名、分数"标题模块由 < h4 > 标签嵌套三个 < span > 标签构成。

⑥主体内容模块的"排名、姓名、分数"内容模块由 < ul > 标签嵌套六个 < li > 标签构成，每个 < li > 标签嵌套 < img > 标签和 < span > 标签。前三行的"排名"由 < li > 标签的背景图像实现，后三行的排名通过 < li > 标签的 counter – increment:number 和 < li > 标签的伪元素::before 的 content:counter(number)实现。"姓名"部分的头像由 < img > 标签，并设置其属性 vertical – align:middle（实现文本垂直居中对齐）来实现。"分数"由 < span > 标签，并设置其属性 float:right（实现文本右对齐）来实现。

⑦底部由 < hr > 标签构成。

项目实施

1. 链入外部 CSS 样式，定义全局 CSS 样式

（1）链入外部 CSS 样式

```
1 <link rel = "stylesheet" href = "xm3.css">
```

（2）定义全局 CSS 样式

```
1 * { padding: 0px;
2     margin: 0px;
3     box - sizing: border - box;}
```

2. 制作页面整体 html 结构，定义 CSS 样式

（1）制作页面整体 html 结构

```
1 <div>  </div>
```

（2）定义 CSS 样式

```
1 div {
2     width: 100%;
3     max - width: 414px;
4     box - shadow: 1px 2px 10px 2px #f7f8fc;
5     margin: 10px auto;
6     background - image: url(img/bj2.jpg), url(img/bj1.jpg);
7     background - repeat: no - repeat;
8     background - position: 100px 110px, center 0px;
```

```
9       padding - top: 60px;
10      padding - bottom: 10px;
11      }
```

3. 制作标题模块 html 结构，定义 CSS 样式

①制作标题模块 html 结构，该部分代码需要嵌套在 "2. (1) 制作页面整体 html 结构" 的 <div> 标签内。

```
1  <h1>生态环境答题</h1>
```

②定义 CSS 样式。

```
1 h1 {
2     color: #ffffff;
3     margin - left: 50px;}
```

4. 制作主体内容模块 html 结构，定义 CSS 样式

①制作主体内容模块 html 结构，该部分代码需要嵌套在 "2. (1) 制作页面整体 html 结构" 的 <div> 标签内。

```
1  <main>
2     <section>
3          <span>我的成绩</span>
4          <img src = "img/bj2.png">
5          <span>Sun xiaojuan</span>
6          <span>第 1 名</span>
7          <span>100 分</span>
8     </section>
9          <h4><span>排名</span><span>姓名</span><span>得分</span>
10  </h4>
11         <ul>
12              <li>
13                   <img src = "img/bj2.png">
14                   <span>Sun xiaojuan</span>
15                   <span>100 分</span>
16              </li>
17              <li>
18                   <img src = "img/bj4.png">
19                   <span>周生</span>
20                   <span>95 分</span>
21              </li>
22              <li>
23                   <img src = "img/bj5.png">
```

```
24                <span>顾一帆</span>
25                <span>93分</span>
26            </li>
27            <li>
28                <img src="img/bj6.png">
29                <span>陈深</span>
30                <span>92分</span>
31            </li>
32            <li>
33                <img src="img/bj7.png">
34                <span>陈倩</span>
35                <span>91分</span>
36            </li>
37            <li>
38                <img src="img/bj8.png">
39                <span>王礼一</span>
40                <span>90分</span>
41            </li>
42        </ul>
43 </main>
```

②定义 CSS 样式。

```
1 main {
2    background-color: #ffffff;
3    border-radius: 30px;
4    margin-top: 80px;
5    padding: 20px 10px;
6  }
7 section {
8    margin: 0px auto;
9    box-shadow: 1px 2px 10px 2px #f7f8fc;
10   padding: 20px 10px;
11 }
12 section span {
13   color: #0d87ff;
14   font-weight: bolder;
15 }
16 section span:nth-child(1) {
17   margin-right: 10px;
18 }
```

```
19 section img,ul li img{
20    border-radius: 50%;
21    background-color: #0d87ff;
22    margin-right: 10px;
23    vertical-align: middle;
24    }
25 section span:nth-child(4) {
26    margin-left: 10px;
27    }
28 section span:nth-child(5) {
29    margin-left: 20px;
30    }
31 h4{
32    margin:10px 0px;
33    color:grey;
34    }
35 h4 span:nth-child(1){margin-left: 10px;}
36 h4 span:nth-child(2){margin-left: 20px;}
37 h4 span:nth-child(3){margin-left: 260px;}
38 ul{counter-reset:number 0;} /*创建一个计数器,名称为number,从0开始计数*/
39 ul li {
40    list-style: none;
41    counter-increment: number 1;/*为计数器number每次增加1*/
42    line-height: 20px;
43    }
44 ul li span:nth-of-type(2){
45    float: right;
46    margin-top: 10px;
47    }
48 ul li:nth-child(4)::before,ul li:nth-child(5)::before,ul li:nth-child(6)::
49 before {
50    content: counter(number);
51    font-size: 22px;
52    font-weight: bold;
53    color: green;
54    margin-left: 15px;
55    margin-right:23px;
56    }
57 ul li:nth-child(1),ul li:nth-child(2),ul li:nth-child(3){
58    padding-left: 55px;
```

```
59    }
60 ul li:nth - child(1){
61    background - image: url(img/bj3_03.gif);
62    background - repeat: no - repeat;
63    background - position: 10px 10px;
64    }
65 ul li:nth - child(2){
66    background - image: url(img/bj3_06.gif);
67    background - repeat: no - repeat;
68    background - position: 10px 10px;
69    }
70 ul li:nth - child(3){
71    background - image: url(img/bj3_08.gif);
72    background - repeat: no - repeat;
73    background - position: 10px 10px;
74    }
```

5. 制作底部 html 结构，定义 CSS 样式

①制作底部 html 结构，该部分代码需要嵌套在 "2.（1）制作页面整体 html 结构" 的 <div> 标签内。

```
1  < hr >
```

②定义 CSS 样式。

```
1 hr{width: 30%;
2    height: 5px;
3    border - radius: 5px;
4    background - color:black;
5    border: none;
6    margin: 0px auto;}
```

项目实训

实训目的

1. 掌握盒子宽与高的使用方法。
2. 掌握边框的设置方法。
3. 掌握背景属性的使用方法。
4. 掌握阴影属性的设置方法。

实训内容

设计一个生态景区排行榜的页面，如图 3 - 39 所示。

图 3 - 39　页面效果

项目小结

通过本项目的学习，读者能够深入理解盒模型的概念，掌握盒模型的相关属性、背景属性及渐变属性。

本项目注意事项：

1. 使用 background - image：url（背景图像的文件路径 1），url（背景图像的文件路径 2），…，url（背景图像的文件路径 n）；设置多重背景图像时，如果设置的多重背景图像之间存在着交集（即存在着重叠关系），前面的背景图像会覆盖在后面的背景图像之上。

2. < span > 标签是行内元素，不能设置宽度和高度。

3. ：：before 和：：after 伪元素是行内元素。

拓展阅读

1. 两个并列关系的盒模型外间距塌陷问题

现象：并列关系、垂直方向相邻的两个盒模型，外边距 margin 相遇时，会出现叠加现象。当两个值相同时，取当前值；当两个值不同时，取较大值。

2. 嵌套关系的盒模型外边距塌陷问题

现象：嵌套关系的盒模型，其子元素设置了 margin - top 属性，会叠加给父元素，即子元素的外上边距没有改变，而父元素的外上边距却改变了。

解决方案：

①为父元素设置上边框或内上边距；

②为父元素设置 overflow：hidden 属性。

项目 4

先进班级网页设计

项目目标

能力目标：

能够为元素设置浮动样式。

能够使用不同的方法清除浮动。

能够为元素设置常见的定位模式。

能够制作多样式导航栏。

会制作二级导航栏。

知识目标：

理解元素的浮动。

掌握清除浮动的方法。

掌握元素的定位方法。

了解浮动和定位的使用区别。

素质目标：

培养学生的团队精神，树立集体荣誉感。

培养学生珍惜时间的好习惯。

项目背景

他们，或以笔做剑，笑洒笔墨；或披荆斩棘，勇往直前；或不辞劳苦，启航扬帆……他们努力、拼搏、执着，用信念播撒希望，用汗水收获成功。

未来属于青年，希望寄予青年。国家的希望在于青年，民族的希望在于青年。新时代青年的你我，将以不屈的身影留下坚定的步伐，走向未来，走向远方。

接下来，让我们一同走近追梦路上的先进班集体，从中寻觅前进的力量，感受追梦的热情无畏！

本项目主要使用 CSS 的浮动、定位等技术制作先进班级网页。项目默认效果如图 4 - 1 所示。当鼠标悬停在导航项"相册"时，显示二级导航，效果如图 4 - 2 所示。

德育内容：

1. 融入德育元素"我的班级"，引导学生开阔眼界和胸怀，树立集体荣誉感，从爱班级提高到爱学校、爱家乡、爱祖国。

图 4-1　页面默认效果

图 4-2　鼠标悬停在导航栏"相册"时的页面效果

　　2. 融入德育元素"青春无悔"，培养学生珍惜大学时光，明白"一寸光阴一寸金，寸金难买寸光阴"的道理。

项目知识

任务4.1 元素的类型转换

4.1.1 元素的类型

HTML 标记语言提供了丰富的标记,用于组织页面结构。为了使页面结构的组织更加轻松、合理,HTML 标记被定义成了不同的类型,按照标记不同的表现行为,一般分为三种:块标记、行内标记、行内块状标记,也称为块元素(block)、行内元素(inline)、行内块元素(inline - block)。

1. 块元素

块元素在页面中以区域块的形式出现,其特点是,每个块元素总是独占一行或多行,能够设置其宽度、高度、padding、margin、border 和背景属性,默认宽度是距离其最近的父元素宽度的 100%,常用于网页布局和网页结构的搭建。常见的块元素有 div、p、h1 ~ h6、ul、ol、li、form、header、nav、section、article、aside、footer、main 等。其中,div 元素是最典型的块元素。

任务实践4 – 1 块元素的使用

任务描述:定义两个块元素,页面效果如图 4 – 3 所示。

图 4 – 3 块元素的使用页面效果

任务分析:

①根据任务要求,在页面主体 < body > 中嵌入两对 < div > 标签。

②设置 < div > 标签的样式。

任务实施:

```
1  <!DOCTYPE html >
2  < html >
3    < head >
```

```
4              <meta charset = "UTF - 8" >
5          <title>块元素的使用</title>
6          <style >
7                  #box1,#box2{
8                          width:200px;
9                          height:60px;
10                         border:2px solid #000000;
11                         background - color:#ff1e00;
12                         margin: 50px;
13                         padding: 15px;
14                         }
15         </style >
16     </head >
17     <body >
18         <div id = "box1" >我是块元素</div>
19         <div id = "box2" >我是块元素</div>
20     </body >
21 </html >
```

2. 行内元素

行内元素也称为内联元素或内嵌元素，行内元素不能独占一行，要与其他元素在同一行显示，不能设置大多数行内元素的宽度、高度、上/下 margin 属性，但可以设置其 border、padding、左右 margin 以及背景属性，默认宽度和高度是其内容的宽度和高度。行内元素常用于选中文本设置样式。常见的行内元素有 span、a、strong、em 等。其中，span 元素是最典型的行内元素。

与 <div> 一样，<span> 标记也作为容器标记被广泛应用在 HTML 语言中。和 <div> 标记不同的是，<span> 是行内元素，其常用于定义网页中某些特殊显示的文本，它本身没有固定的格式表现，只有应用样式时，才会产生视觉上的变化。

任务实践 4 - 2　行内元素的使用

任务描述：定义两个行内元素，页面效果如图 4 - 4 所示。

图 4 - 4　行内元素的使用页面效果

任务分析：

①根据任务要求，在页面主体 <body> 中嵌入两对 <span> 标签。

②设置 <span> 标签的样式。

任务实施：

```
1  <!DOCTYPE html >
2  <html >
3      <head >
4          <meta charset = "UTF -8" >
5          <title >行内元素的使用 </title >
6          <style >
7                  #box3,#box4 {
8                      width:200px;
9                      height:60px;
10                     border:2px solid #000000;
11                     background-color:#ff1e00;
12                     margin: 50px;
13                     padding: 10px;
14                     }
15         </style >
16     </head >
17     <body >
18         <span id = "box3" >我是行内元素 </span >
19         <span id = "box4" >我是行内元素 </span >
20     </body >
21 </html >
```

注意：当子元素的内边距超出父元素的边界时，会导致页面布局混乱和样式不一致的问题。为了解决这个问题，可以使用 box – sizing 属性、calc( ) 函数和 overflow 属性来控制元素的盒模型计算方式和容纳子元素的内边距。在实际应用中，可以根据具体情况选择适合的解决方案来解决子元素内边距溢出父元素的问题。

3. 行内块元素

行内块元素兼具了行内元素和块元素的特点，可设置 width 和 height 属性，不独占一行或多行。

常见的行内块元素有 button、input、textarea、select、img 等。

任务实践 4 – 3　行内块元素的使用

任务描述：定义两个行内块元素，页面效果如图 4 – 5 所示。

图 4 – 5　页面效果

任务分析：

①根据任务要求，在页面主体<body>中嵌入两对<button>标签。

②设置<button>标签的样式。

任务实施：

```
1  <!DOCTYPE html>
2  <html>
3      <head>
4          <meta charset = "UTF -8">
5          <title>行内块元素的使用</title>
6          <style>
7                  #box5,#box6{
8                      width:200px;
9                      height:60px;
10                     border:2px solid #000000;
11                     background - color:#ff1e00;
12                     margin: 50px;
13                     padding: 15px;
14                     }
15         </style>
16     </head>
17     <body>
18         <button id = "box5">我是行内块级元素</button>
19         <button id = "box6">我是行内块级元素</button>
20     </body>
21  </html>
```

4.1.2　元素的类型转换

如果块元素需要具有行内元素的特性，或者行内元素需要具有块元素的特性，那么可以通过设置元素的 display 属性进行元素类型的转换。display 属性常用的属性值有 4 个，分别是 inline（元素转换为行内元素，行内元素的默认值）、block（元素转换为块元素，块元素的默认值）、inline - block（元素转换为行内块元素，但能对其设置宽、高等属性）、none（元素不显示，被隐藏，不占有空间位置）。下面分别对 4 个属性值进行讲解。

1. display:inline

在任务实践 4 - 1 的基础上，将块元素 box2 转换为行内元素，CSS 代码如下：

```
#box1,#box2{display: inline;}    /* 将块元素 box1、box2 转换为行内元素 */
```

保存并刷新页面，效果如图 4 - 6 所示。从图 4 - 6 中可以看到，块元素 box1 和 box2 转换成了行内元素，具有行内元素的特性。

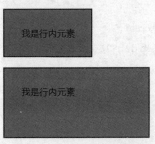

图 4 - 6　块元素 box1 和 box2 转换成行内元素的效果

2. display：block

在任务实践 4 - 2 的基础上，将行内元素 box4 转换为块元素，CSS 代码如下：

```
#box4{display:block;}    /*将行内元素 box4 转换为块元素*/
```

保存并刷新页面，效果如图 4 - 7 所示。从图 4 - 7 中可以看到，行内元素 box4 转换成了块元素，具有块元素的特性。

图 4 - 7　行内元素 box4 转换为块元素的效果

3. display：inline - block

在任务实践 4 - 2 的基础上，将行内元素 box4 转换为行内块元素，CSS 代码如下：

```
#box4{display:inline-block;}     /*将行内元素转换为行内块元素*/
```

保存并刷新页面，效果如图 4 - 8 所示。从图 4 - 8 中可以看到，行内元素 box4 转换成了行内块元素，具有行内块元素的特性。

图 4 - 8　行内元素 box4 转换为行内块元素的效果

4. display：none

在任务实践 4 - 2 的基础上，将行内元素 box4 设置为隐藏，CSS 代码如下：

```
#box4{display:none;}    /*将行内元素 box4 设置为隐藏*/
```

保存并刷新页面，效果如图 4 - 9 所示。从图 4 - 9 中可以看到，行内元素 box4 不显示，被隐藏起来了。

图 4 - 9　行内元素 box4 设置为隐藏的效果

实践应用：通常利用元素的类型转换制作导航栏或 banner 的切换按钮、图标等。

任务实践 4 - 4　利用元素转换方法制作导航栏

任务描述：通过对列表项设置元素转换，实现一个水平导航栏效果，如图 4 - 10 所示。

图 4 - 10　导航栏页面效果

任务分析：

①根据任务要求，给列表设置背景样式。

②给列表中的每一项设置 display:inline - block;，使其在一行呈现。

③列表项转换为行内块元素后，每个列表项之间会有空隙，为了清除空隙，可以设置 < ul > 标签的 font - size:0px;。

任务实施：

```
1  <!DOCTYPE html >
2  <html >
3      <head >
4          <meta charset = "UTF - 8" >
5          <title >导航栏 </title >
6          <style >
7              * {
8                  padding: 0px;
9                  margin: 0px;
10                 box - sizing: border - box;
11             }
12             ul {
13                 width: 500px;
14                 background - image: linear - gradient(to top, #5798d5
15                 20% , #2c4d6b 80% );
16                 margin: 100px auto;
17                 font - size: 0px;
18             }
19             ul li {
20                 display: inline - block;
21                 list - style: none;
22                 width: 100px;
```

```
23                    height: 30px;
24                    line - height: 30px;
25                    text - align: center;
26                    background - color: r;
27              }
28          ul li a {
29                    font - size: 16px;
30                    text - decoration: none;
31                    color: #ffffff;
32              }
33      < /style >
34  < /head >
35  < body >
36      < ul >
37          < li > < a href = "" >网站首页 < /a > < /li >
38          < li > < a href = "" >企业概况 < /a > < /li >
39          < li > < a href = "" >产品介绍 < /a > < /li >
40          < li > < a href = "" >招聘信息 < /a > < /li >
41          < li > < a href = "" >关于我们 < /a > < /li >
42      < /ul >
43  < /body >
44  < /html >
```

任务 4.2   元素的浮动

　　网页布局其实就是将网页划分成若干个小区域，再把这些小的区域利用布局模式进行"排版"。常见的网页七大布局模式有文档流布局、浮动布局、定位布局、表格布局、弹性布局、网格布局、百分比布局。

　　默认情况下，网页的布局是文档流布局模式，即网页中的元素会按照从上到下或从左到右的顺序一一罗列，如果按照这样的方式进行排版，网页看起来呆板、不美观。为了使网页的排版更加活跃、优美，可以采用其他的布局方式，例如：浮动布局和定位布局。

　　浏览器在解析网页时，是按照标准文档流的顺序进行的，即按照 body 元素下的任意元素的上下关系进行解析，而元素的浮动 float 属性则打破了这一解析规则，使浏览器按照布局要求进行解析。

　　浮动属性作为 CSS 的重要属性，在网页布局中至关重要。在 CSS 中，通过 float 属性来定义浮动。元素的浮动是指设置了浮动属性的元素会半脱离标准文档流的控制，移动到其父元素中指定位置的过程。

对元素定义了浮动（float）后，该元素就会浮动在文档之上。在 CSS 中，任何元素都可以浮动。浮动元素会生成一个块级框，而不论它本身是何种元素。语法格式如下：

> 选择器{float:属性值;}

float 常用的属性值有三个，分别是 left（元素向左浮动）、right（元素向右浮动）、none（元素不浮动，默认值）。

浮动的特点：

①浮动的元素会半脱离文档流，文本和内联元素会环绕浮动元素（浮动元素不会盖住文字和图片）。

②设置浮动以后，元素会向左侧或者右侧移动。

③浮动元素默认不会从父元素中移出。

④浮动元素向左或者向右移动时，不会超过它前边的其他浮动元素。

⑤如果浮动元素的前面有一个没有浮动的块元素，则浮动元素无法上移。

⑥浮动后的元素宽度默认为其内容的宽度，除非定义其宽度属性。

⑦浮动元素会造成父元素的塌陷。

任务实践 4 - 5　元素浮动的应用

任务描述：在页面上显示三个块元素。

任务分析：

①根据任务要求，在页面主体 < body > 中嵌入三对 < div > 标签。

②设置三对 < div > 标签的样式。

任务实施：

```
1  < !DOCTYPE html >
2  < html >
3    < head >
4        < meta charset = "UTF - 8" />
5        < title > < /title >
6        < style type = "text/css" >
7        body{background - color:#a0c0c1;}
8        #box1,#box2,#box3{                    /* 定义 box1、box2、box3 三个盒子的样式 */
9            width:200px;
10           height:60px;
11           border:2px solid #000000;
12           background - color:#ff1e00;
13           }
14       < /style >
15    < /head >
16    < body >
```

```
17        < div id = "box1" >box1 < /div >
18        < div id = "box2" >box2 < /div >
19        < div id = "box3" >这是浮动的案例 < /div >
20     < /body >
21  < /html >
```

1. float：none

在任务实践 4-5 中，box1、box2、box3 盒子均没有设置 float 属性，相当于 float 属性的属性值都设置成了默认值 none，三个盒子按照标准文档流的方式显示，效果如图 4-11 所示。

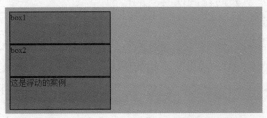

图 4-11　float：none（默认值）效果

2. float：left

在任务实践 4-5 的基础上将 box1 盒子的 float 属性的属性值设置为 left，CSS 代码如下：

```
#box1{ float : left;}          /*定义box1 盒子左浮动 */
```

保存并刷新页面，效果如图 4-12 所示。从图 4-12 中可以看到，box1 盒子漂浮在 box2 盒子的上面，即 box1 盒子将 box2 盒子覆盖，也就是说，box1 盒子没有按照标准文档流显示，而是出现了另一个新的空间层次，box1 盒子不再占据原来的空间层次位置，而 box2 和 box3 盒子在原来的空间层次中按照上下的顺序一一罗列。

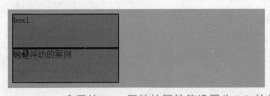

图 4-12　box1 盒子的 float 属性的属性值设置为 left 的效果

在任务实践 4-5 的基础上，将 box1 盒子和 box2 盒子的 float 属性的属性值均设置为 left，CSS 代码如下：

```
#box1,#box2{ float : left;}          /*定义box1、box2 盒子左浮动 */
```

保存并刷新页面，可以看到 box1 盒子和 box2 盒子将并列漂浮在 box3 盒子上面，即 box1 盒子和 box2 盒子覆盖 box3 盒子，也就是说，box1 盒子和 box2 盒子没有按照标准文档流显示，而是这两个盒子出现了另一个新的空间层次（box1 盒子和 box2 盒子在同一个空间层次），box1 盒子和 box2 盒子不再占据原来的空间层次位置，而 box3 盒子还在原来的空间层次中，但 box3 盒子中的内容不会被覆盖，这也恰恰说明了浮动是半脱离文档流的，效果如图 4 – 13 所示。

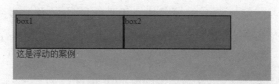

图 4 – 13　box1 盒子和 box2 盒子的 **float** 属性的属性值均设置为 **left** 的效果

3. float:right

在任务实践 4 – 5 的基础上，将 box1 盒子的 float 属性的属性值设置为 right，CSS 代码如下：

```
#box1{ float:right;}        /*定义box1盒子右浮动*/
```

保存并刷新页面，效果如图 4 – 14 所示。从图 4 – 14 中可以看到，box2 盒子和 box3 盒子按照标准文档流的顺序排列在页面的左侧，而 box1 盒子出现在一个新的空间层次上，排列在文档流的右侧。

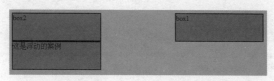

图 4 – 14　box1 盒子的 **float** 属性的属性值设置为 **right** 的效果

实践应用：通常利用浮动的这些特性对网页的整体进行布局、制作横向导航栏或者实现图文混排。

任务 4.3　清除浮动

由于浮动的元素不再占据原始文档流的空间位置，因此设置了浮动的元素将会影响与它相邻的那些没有设置浮动的元素（会使它们的位置发生变化，产生元素覆盖的现象）。另外，当没有给父元素添加高度，而将其里面的子元素添加浮动（如 float:left）时，父元素是无法被撑开的，这样就会造成布局混乱。为解决以上 bug，应该采用清除浮动技术。

清除浮动的本质主要解决父元素因为子元素浮动而引起内部高度为 0 的问题。清除浮动之后，父元素就会根据浮动的子元素自动检测高度。父元素有了高度，就不会影响下面的标准流了。在 CSS 中，使用 clear 属性清除浮动。语法格式如下：

```
选择器{clear:属性值}
```

clear 属性常用的属性值有三个，分别是 left（清除左侧浮动的影响）、right（清除右侧浮动的影响）、both（同时清除左、右两侧浮动的影响）。

常见的清除浮动的方法有以下三种，各有优缺点。

方法 1：额外标签法（隔墙法）

在使用浮动进行布局时，需要一个块级元素（行内元素无效）来设置 clear 属性。如果浮动元素下面本来就有一个与其相邻的元素（受影响的元素），那么可以直接对这个相邻的元素设置 clear:both;，若浮动元素下面没有其他与其相邻的元素，那么需要紧跟在浮动元素之后添加空标记，并对该标记应用"clear:both"样式，可清除元素浮动所产生的影响，这个空标记可以是 < div >、< p > 等任何标记。

任务实践 4 – 6　为受影响的元素添加 clear:both 清除浮动

任务描述：将两个盒子设置为浮动，第三盒子不设置浮动，但不能被第一、二个盒子覆盖，如图 4 – 15 所示。

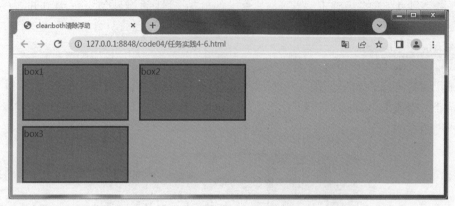

图 4 – 15　clear:both 清除浮动页面效果

任务分析：

①根据任务要求，使用 float 属性将两个盒子设置为浮动。

②为相邻的第三个盒子添加 clear:both 清除浮动，以保证第三个盒子不被前面两个盒子覆盖。

任务实施：

```
1  < ! DOCTYPE html >
2  < html >
3      < head >
4          < meta charset = "UTF - 8" >
5          < title > clear:both 清除浮动 < /title >
6          < style >
7                  .father{width: 800px;
8                  background - color: lightskyblue;
9                  }
10                 .box1,.box2{
11                     width: 200px;
12                     height: 100px;
13                     border: 3px solid #000000;
14                     background - color: red;
15                     float: left;
```

```
16                    margin: 10px;
17                }
18              .box3{
19                    width: 200px;
20                    height: 100px;
21                    border: 3px solid #000000;
22                    background-color: red;
23                    margin: 10px;
24                    clear: both;
25                }
26        </style>
27    </head>
28    <body>
29        <div class="father">
30              <div class="box1">box1</div>
31              <div class="box2">box2</div>
32              <div class="box3">box3</div>
33        </div>
34    </body>
35 </html>
```

任务实践 4-7 使用空标记清除浮动

任务描述：将三个盒子设置为浮动，但要保证父元素不塌陷。页面效果如图 4-16 所示。

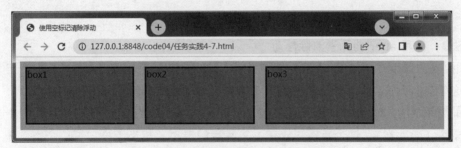

图 4-16 使用空标记清除浮动页面效果

任务分析：

①根据任务要求，使用 float 属性将三个盒子设置为浮动。

②紧跟在第三个盒子后面添加空标记，并设置 clear:both 样式，以保证父元素不塌陷。

任务实施：

```
1 <!DOCTYPE html>
2 <html>
3    <head>
4          <meta charset="UTF-8">
```

```
5              <title>使用空标记清除浮动</title>
6              <style>
7                    .father{width: 800px;
8                    background-color: lightskyblue;}
9                    .box1,.box2,.box3{
10                        width: 200px;
11                        height: 100px;
12                        border: 3px solid #000000;
13                        background-color: red;
14                        float: left;
15                        margin: 10px;
16                        }
17                    .box4{clear: both;}
18              </style>
19        </head>
20        <body>
21            <div class = "father">
22                <div class = "box1">box1</div>
23                <div class = "box2">box2</div>
24                <div class = "box3">box3</div>
25                <div class = "box4"></div>
26            </div>
27        </body>
28  </html>
```

方法 2：使用 after 伪元素清除浮动

应用方法 1 清除元素的浮动无疑会增加浏览器的渲染负担，所以考虑使用其伪元素 after 来代替这个空白标签。但该方法在 IE6 和 IE7 中无效，需要对其设置 *zoom:1。

after 伪元素清除浮动原理分析：为其父元素设置 after 伪元素，会在其父元素中生成一个新的标签（子元素），这个新标签放在了父元素的末尾，相当于添加了一个空盒子，类似于额外标签法。核心代码如下。

```
.clearfix::after{
        content:"";/*内容为空*/
        display: block;
        clear: both;
        }
    .clearfix{
        *zoom: 1;/*ie6 清除浮动的方式，*号只有 IE6~IE7 执行,其他浏览器不执行*/
        }
```

任务实践 4 – 8　使用 after 伪元素清除浮动

任务描述：将 box1 ~ box3 设置为浮动，box4 不浮动，但要保证父元素不塌陷。页面效果如图 4 – 17 所示。

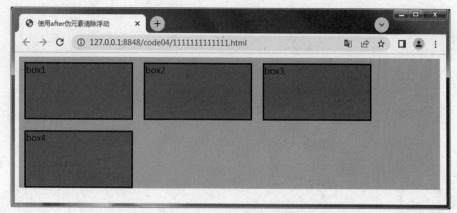

图 4 – 17　使用 after 伪元素清除浮动效果

任务分析：

①根据任务要求，使用 float 属性将三个盒子设置为浮动。

②为其父元素设置∷after 伪元素，并设置∷after 伪元素的 content:"" 属性、display: block 属性、clear:both 来清除浮动。

③使用 after 伪元素清除浮动的方法在 IE6、IE7 中无效，需要对父元素设置 zoom:1，以触发 hasLayout。

任务实施：

```
1  <!DOCTYPE html>
2  <html>
3    <head>
4        <meta charset = "UTF - 8">
5        <title>使用 after 伪元素清除浮动</title>
6        <style>
7              .father{width: 800px;
8              background - color: lightskyblue;
9              }
10             .clearfix::after{
11                 content:"";
12                 display: block;
13                 height: 0;
14                 visibility: hidden;
15                 clear: both;
16             }
17             .clearfix{
```

```
18                      * zoom: 1;/* IE6 清除浮动的方式 * 号只有 IE6 和 IE7 执行,其他浏览器不
19 执行 * /
20                  }
21          .box1,.box2 {
22                  width: 200px;
23                  height: 100px;
24                  border: 3px solid #000000;
25                  background-color: red;
26                  float: left;
27                  margin: 10px;
28              }
29      </style >
30  </head >
31  < body >
32      < div class = "father clearfix" >
33          < div class = "box1" >box1 < /div >
34          < div class = "box2" >box2 < /div >
35      < /div >
36  < /body >
37 < /html >
```

方法3：使用 overflow 属性清除浮动

对元素应用"overflow:hidden;"样式，也可以清除浮动对元素的影响。

任务实践4-9   使用 overflow 属性清除浮动

任务描述：将两个盒子设置为浮动，使用 overflow 属性清除浮动，以保证父元素不塌陷。页面效果如图4-18所示。

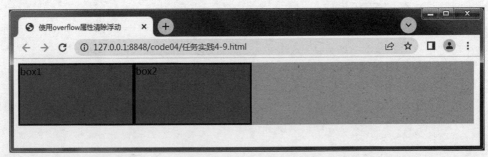

图4-18   使用 overflow 属性清除浮动页面效果

任务分析：

①根据任务要求，使用 float 属性将两个盒子设置为浮动。

②为父元素设置"overflow:hidden;"样式清除浮动，以保证父元素不塌陷。

任务实施：

```
1  <!DOCTYPE html >
2  <html >
3      <head >
4          <meta charset = "UTF - 8" >
5          <title >使用 overflow 属性清除浮动 </title >
6          <style >
7              .father{width: 800px;
8              background - color: lightskyblue;
9              overflow: hidden;
10             }
11             .box1,.box2{
12                 width: 200px;
13                 height: 100px;
14                 border: 3px solid #000000;
15                 background - color: red;
16                 float: left;
17             }
18         </style >
19     </head >
20     <body >
21         <div class = "father" >
22             <div class = "box1" >box1 </div >
23             <div class = "box2" >box2 </div >
24         </div >
25     </body >
26  </html >
```

任务实践 4 - 10　利用浮动制作导航栏

任务描述：在使用列表时，要想让列表项在一行显示，不仅可以利用元素转换的方法，也可以利用浮动的方法。本案例通过对列表项设置浮动来实现一个导航栏效果。页面效果如图 4 - 10 所示。

任务分析：

①根据任务要求，给列表设置背景样式。

②给列表中的每项设置左浮动样式，使其在一行呈现。

任务实施：

```
1  <!DOCTYPE html >
2  <html >
3      <head >
4          <meta charset = "UTF - 8" >
```

```
5              <title></title>
6              <style>
7                      *{
8                              padding: 0px;
9                              margin: 0px;
10                             box-sizing: border-box;
11                     }
12                     ul{
13                             width: 500px;
14                             background-image: linear-gradient(to top, #5798d5
15 20%, #2c4d6b 80%);
16                             margin: 100px auto;
17                     }
18                     .clearfix::after{
19                             display: block;
20                             clear: both;
21                             content: "";
22                             visibility: hidden;
23                             height: 0;
24                     }
25                     .clearfix{
26                             *zoom: 1;
27                     }
28                     ul li{
29                             list-style: none;
30                             float: left;
31                             width: 100px;
32                             height: 30px;
33                             line-height: 30px;
34                             text-align: center;
35                     }
36                     ul li a{
37                             text-decoration: none;
38                             color: #ffffff;
39                     }
40             </style>
41     </head>
42     <body>
43          <ul class="clearfix">
```

```
44              <li><a href="">网站首页</a></li>
45              <li><a href="">企业概况</a></li>
46              <li><a href="">产品介绍</a></li>
47              <li><a href="">招聘信息</a></li>
48              <li><a href="">关于我们</a></li>
49          </ul>
50      </body>
51  </html>
```

清除元素浮动的三种方式的优缺点见表 4 – 1。

表 4 – 1　清除浮动方式的优缺点

清除浮动的方式	优点	缺点
额外标签法（隔墙法） （不推荐）	通俗易懂，书写方便	添加了无意义的标签，结构化较差
父级 overflow:hidden （不推荐）	书写简单	溢出隐藏
父级:after 伪元素 （推荐）	结构语义化正确	IE6、IE7 不支持:after，需要添加 zoom:1;， 以触发 IE 的 hasLayout 属性

任务 4.4　元素的位置定位属性

浮动布局虽然灵活，但是却无法对元素的位置进行精准的控制。在 CSS 中，通过定位属性可以实现网页中元素的精准定位。

元素的定位就是将元素放置在页面的指定位置，主要包括定位模式和边偏移两部分。

1. 定位模式

在 CSS 中，position 属性用于定义元素的定位模式，其语法格式如下：

```
选择器{position:属性值;}
```

position 属性常用的属性值有四个，分别表示不同的定位模式：static（静态定位）、relative（相对定位）、absolute（绝对定位）、fixed（固定定位）。

2. 边偏移

定位模式（position）仅仅用于定义元素以哪种方式定位，并不能确定元素的具体位置。在 CSS 中，通过边偏移属性 top、bottom、left 或 right 来精确定义定位元素的位置（静态定位除外），top 表示顶端偏移量，定义元素相对于其父元素上边线的距离；bottom 表示底部偏移量，定义元素相对于其父元素下边线的距离；left 表示左侧偏移量，定义元素相对于其父元素左边线的距离；right 表示右侧偏移量，定义元素相对于其父元素右边线的距离。

4.4.1 static（静态定位）

静态定位是各元素在 HTML 文档流中默认的位置，也就是说，即使元素没有设置 position：static，元素在文档流中也会有默认位置。在静态定位状态下，无法通过边偏移属性（top、bottom、left 或 right）来改变元素的位置。

4.4.2 relative（相对定位）

相对定位是将元素相对于它在标准文档流中的位置进行定位，当 position 属性的取值为 relative 时，可以将元素定位于相对位置。对元素设置相对定位后，可以通过边偏移属性改变元素的位置，但是它在文档流中的初始位置仍然保留，即不脱离文档流。

任务实践 4 - 11　相对定位的使用

任务描述：设置三个盒子具有相同的外观样式，为其中一个盒子设置相对定位，并设置边偏移，观察其变化。页面效果如图 4 - 19 所示。

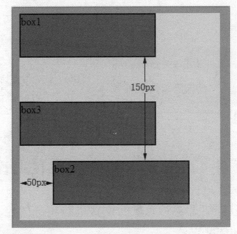

图 4 - 19　box2 盒子设置相对定位的页面效果

任务分析：

①根据任务要求，在页面主体 < body > 中嵌入三对 < div > 标签。

②设置第二个 < div > 标签相对定位 position：relative；，边偏移 top：150px；left：50px；。

任务实施：

```
1  <! DOCTYPE html >
2  <html >
3    <head >
4      <meta charset = "UTF - 8" />
5      <title > </title >
6      <style type = "text/css" >
7      body{background - color:#a0c0c1;}
8      #box{                      /*定义父元素 box 盒子的样式 */
```

```
 9          width: 300px;
10          height: 300px;
11          background - color: #faec07;}
12       #box1,#box2,#box3{          /* 定义 box1、box2、box3 三个盒子的样式 */
13          width:200px;
14          height:60px;
15          border:2px solid #000000;
16          background - color:#ff1e00;}
17       #box2{                      /* 定义 box2 盒子的相对定位 */
18          position: relative;
19          top:150px;
20          left: 50px;}
21       </style >
22    </head >
23    <body >
24       < div id = "box" >
25          <div id = "box1" >box1 </div >
26          <div id = "box2" >box2 </div >
27          <div id = "box3" >box3 </div >
28       </div >
29    </body >
30  </html >
```

4.4.3　absolute（绝对定位）

　　绝对定位是将元素依据最近的已经定位（绝对定位、固定定位或相对定位）的父元素进行定位，若所有父元素都没有定位，则依据 body 元素（浏览器窗口）进行定位。当 position 属性的取值为 absolute 时，可以将元素的定位模式设置为绝对定位。对元素设置绝对定位后，可以通过边偏移属性改变元素的位置，但是它在文档流中的初始位置将不被保留，即脱离文档流。

　　任务实践 4 – 12　绝对定位的使用

　　任务描述：设置三个盒子具有相同的外观样式，为其中一个盒子设置绝对定位，并设置边偏移，观察其变化。页面效果如图 4 – 20 所示。

　　任务分析：

　　①根据任务要求，在页面主体 < body > 中嵌入三对 < div > 标签。

　　②设置父元素相对定位 position：relative；。

　　③设置第二个盒子绝对定位 position：absolute；，边偏移 top：150px；left：50px；。

　　任务实施：

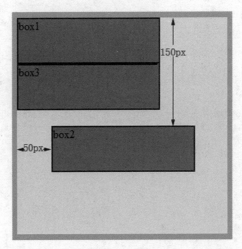

图 4 - 20 box2 盒子设置绝对定位的页面效果

```
1  <!DOCTYPE html >
2  <html >
3    <head >
4        <meta charset = "UTF - 8 " />
5        <title > </title >
6        <style type = "text/css" >
7          body{background - color:#a0c0c1;}
8          #box{                              /*定义父元素box盒子的样式*/
9              width: 300px;
10             height: 300px;
11             background - color: #faec07;
12             position: relative;          /*定义父元素box盒子相对定位*/
13             }
14         #box1,#box2,#box3{               /*定义box1、box2、box3三个盒子的样式*/
15             width:200px;
16             height:60px;
17             border:2px solid #000000;
18             background - color:#ff1e00;
19             }
20         #box2{                           /*定义box2盒子绝对定位*/
21             position: absolute;
22             top:150px;
23             left: 50px;
24             }
25      </style >
26  </head >
```

```
27  <body>
28      <div id = "box">
29          <div id = "box1">box1</div>
30          <div id = "box2">box2</div>
31          <div id = "box3">box3</div>
32      </div>
33  </body>
34  </html>
```

任务实践4-13 制作团购页面

任务描述：浏览网页时，经常遇到将多个子元素融合到一个父元素的情况，为了保证子元素在页面拉伸时不发生错位，需要用到定位属性。本案例通过对图像和文字进行定位，实现类似糯米团购的效果。页面效果如图4-21所示。

图4-21 制作团购页面效果

任务分析：

①根据任务要求，在页面主体<body>中嵌入三对div盒子，为其设置相对定位属性。

②在div盒子的左上角定义一个图像，为其设置绝对定位属性。

③在div盒子中定义图片和文本，分别添加超链接。

④在div盒子中定义一个小盒子，在小盒子里定义两个浮动元素，同时给小盒子清除浮动。

任务实施：

1. 制作页面结构

新建HTML页面，具体代码如下：

```
1  <!doctype html>
2  <html>
```

```
3    <head>
4       <meta charset = "UTF - 8">
5       <title>团购</title>
6    </head>
7    <body>
8       <div class = "all">
9           <span class = "fly"><img src = "images/top_tu.gif" /></span>
10          <a href = "#"><img src = "images/adv.jpg" /></a>
11          <h3><a href = "#">【12店通用】领航冰品哈根达斯:冰淇淋双球,口味任选2种,
12 节假通用</a></h3>
13          <div class = "box clearfix">
14              <p class = "p1"><strong>¥20.8</strong>原价¥38</p>
15              <p class = "p2">
16                  <a href = "#"><img src = "images/see.jpg" height = "30"
17 width = "80" /></a>
18                  <span><em>32</em>人已购买</span>
19              </p>
20          </div>
21       </div>
22    </body>
23 </html>
```

2. 定义 CSS 样式

使用外部 CSS 样式表 tg.css 为页面添加样式,具体 CSS 代码如下:

```
1 * {
2     padding: 0;
3     margin: 0;
4 }
5 body {
6     font - size: 12px;
7     font - family: "宋体";
8     color: #000;
9 }
10 a:link, a:visited {
11     color: #3e3e3e;
12     font - size: 15px;
13     text - decoration: none;
14 }
15 a:hover {
```

```
16    color: #339999;
17    text-decoration: underline;
18  }
19 .all {
20    width: 310px;
21    border: 1px solid #ccc;
22    padding: 15px;
23    margin: 80px auto;
24    position: relative;
25  }
26 .fly {
27    position: absolute;
28    left: 0;
29    top: 0;
30  }
31 h3 {
32    margin-top: 20px;
33    line-height: 20px;
34  }
35 .box {
36    margin-top: 25px;
37  }
38 .clearfix::after{
39    content: "";
40    display:block;
41    clear:both;
42  }
43 .clearfix{ *zoom:1;}
44 .p1 {
45    font-size: 14px;
46    color: gray;
47    float: left;
48 }
49 .p1 strong {
50    font-size: 30px;
51    color: #ed5238;
52    font-family: "微软雅黑";
53  }
54 .p2 {
55    float: right;
```

```
56    width: 80px;
57    text - align: right;
58    line - height: 20px;
59  }
60  .p2 em {
61    color: #ed5238;
62  }
```

4.4.4   fixed（固定定位）

固定定位是绝对定位的一种特殊形式，它以浏览器窗口作为参照物来定义网页元素。当 position 属性的取值为 fixed 时，即可将元素的定位模式设置为固定定位。

当对元素设置固定定位后，它将脱离标准文档流的控制，始终依据浏览器窗口来定义自己的显示位置。不管浏览器滚动条如何滚动，也不管浏览器窗口的大小如何变化，该元素都始终显示在浏览器窗口的固定位置。

任务实践 4 - 14   实现导航栏固定在页面顶端效果

任务描述：制作如图 4 - 22 所示的页面效果，其中，页面头部内容中，logo 和导航栏固定在页面的顶端，banner 横幅广告距离页面顶端 65 px。

图 4 - 22   固定定位实例页面效果

任务分析：

①根据任务要求，设置页面头部内容固定定位，并设置 top:0px。

②导航栏右浮动，居页面头部内容的右侧。

③导航项左浮动，水平显示。

任务实施：

1. 制作页面结构

新建 HTML 页面，具体代码如下：

```
1  <!DOCTYPE html>
2  <html>
3     <head>
4          <meta charset="UTF-8">
5          <link rel="stylesheet" href="css/gd.css">
6          <title>固定定位实例</title>
7     </head>
8     <body>
9          <header>
10              <img src="img/logo4-10.png" alt="">
11              <nav>
12                  <ul>
13                      <li><a href="#">网站首页</a></li>
14                      <li><a href="#">企业概况</a></li>
15                      <li><a href="#">产品介绍</a></li>
16                      <li><a href="#">招聘信息</a></li>
17                      <li><a href="#">联系我们</a></li>
18                  </ul>
19              </nav>
20          </header>
21          <div class="banner">
22              <img src="img/banner4-10.jpg" alt="">
23          </div>
24     </body>
25  </html>
```

2. 定义 CSS 样式

使用外部 CSS 样式表 gd.css 为页面添加样式，具体 CSS 代码如下：

```
1  * {
2      margin: 0px;
3      padding: 0px;
4      box-sizing: border-box;
5  }
6  ul li {
7      list-style: none;
8  }
9  a {
10      text-decoration: none;
11  }
```

```
12 header {
13    width: 100%;
14    background-color: rgba(255,255,255,0.5);
15    padding: 10px;
16    position: fixed;
17    top: 0px;
18    }
19 nav {
20    float: right;
21    margin-top: 10px;
22    margin-right: 100px;
23    }
24 ul{
25    position: relative;
26    }
27 ul li {
28    float: left;
29    width: 100px;
30    text-align: center;
31    height: 30px;
32    line-height: 30px;
33    }
34 ul li a {
35    color: black;
36    }
37 ul li:nth-child(1) a{color: #2db5a3;}
38 ul li:nth-child(1):after{
39    content:";
40    position: absolute;
41    top:30px;
42    left:15px;
43    width:65px;
44    height:2px;
45    background-color: #2db5a3;
46    }
47 .banner {
48        margin-top: 65px;
49        text-align: center;
50    }
51 .banner img {
52        max-width: 80%;
53    }
```

4.4.5 z – index（堆叠顺序属性）

网页中如果有多个元素设置了定位（不包括静态定位 static），那么这些定位元素将会出现重叠的效果，需要通过设置这些定位元素的 z – index 属性来指定哪个定位元素在上，哪个定位元素在下。z – index 属性指定了元素与元素之间在 z 轴上的顺序，而 z 轴决定元素之间发生覆盖的层叠关系。语法格式如下：

```
选择器{z – index: auto  │ < integer >;}
```

上述语法格式中，auto（默认值）指堆叠顺序，同父元素；< integer > 为整数，可以为负整数。

注意：z – index 属性仅对定位元素（不包括静态定位 static）生效，若元素中含有浮动属性，则 z – index 属性不生效。

为什么元素添加定位属性（不包括 static）后会覆盖普通元素？

元素添加定位属性（不包括 static）后，z – index 默认是 auto，在层叠水平上相当于 z – index 为 0，但是不会产生层叠上下文，然而会比普通元素没有 z – index 的层级要高。

那么什么是层叠上下文呢？

层叠上下文是 html 中的一个概念，当一个元素含有层叠上下文的时候，此元素就更靠近我们的眼睛（假如我们看一堵墙的时候，只能看到墙，后面的东西我们看不到，那么这堵墙就相当于含有层叠上下文，更靠近我们，后面的东西可以看作普通元素）。

那么如何产生层叠上下文呢？

第一种方法：页面根元素（html 页面根元素就是 html）天生具有层叠上下文，称之为"根层叠上下文"。

字体在背景上就是以页面根元素为层叠上下文基础进行覆盖的，字体是 inline 元素，而 background 是层叠顺序最低的元素，遵循层叠顺序。

第二种方法：定位元素的 z – index 为数值的层叠上下文。例如 div{position:absolute; z – index:1;}。

第三种方法：其他 CSS 的属性。这些属性可以看作 z – index 为 auto。

那么什么是层叠顺序呢？

层叠顺序是指不同元素相互层叠，规定先后顺序的一套规则。层叠顺序有 7 个级别，如图 4 – 23 所示。

任务实践 4 – 15 z – index 属性的使用

任务描述：设置两个盒子绝对定位，并设置边偏移及 z – index 属性。页面效果如图 4 – 24 所示。

任务分析：

①根据任务要求，在页面主体 < body > 中添加两个 < div > 标签。

②设置两个 < div > 标签绝对定位 position：absolute;。

③分别设置两个 < div > 标签的 top、left 及 z – index 属性值。

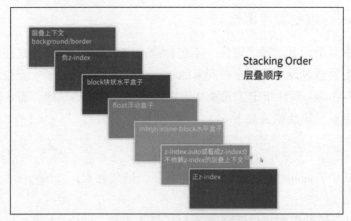

图 4 - 23　层叠顺序示意

图 4 - 24　设置 z - index 属性的效果

任务实施：

```
1  <!DOCTYPE html >
2  <html >
3      <head >
4          <meta charset = "UTF - 8" />
5          <title >z - index 的应用 </title >
6          <style >
7                .box1 {
8                    width: 60px;
9                    height: 54px;
10                   background - image: url(img/top_tu.gif);
11                   position: absolute;
12                   top:30px;
13                   left: 20px;
14                   z - index: 1;
15               }
```

```
16              .box2 {
17                  width: 310px;
18                  height: 190px;
19                  background - image: url(img/adv.jpg);
20                  position: absolute;
21                  top:40px;
22                  left: 30px;
23              }
24          < /style >
25      < /head >
26      < body >
27          < div class = "box1" > < /div >
28          < div class = "box2" > < /div >
29      < /body >
30  < /html >
```

项目分析

从图 4 - 1 所示页面效果可以看出，该班级页面由头部（＜header＞）、班级内容文字模块（＜main＞）和版尾（＜footer＞）等部分构成，页面标注如图 4 - 25 所示，页面结构如图 4 - 26 所示。

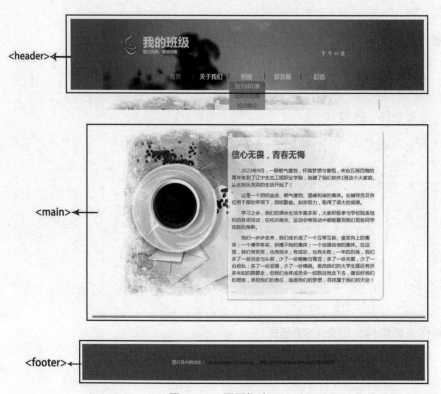

图 4 - 25　页面标注

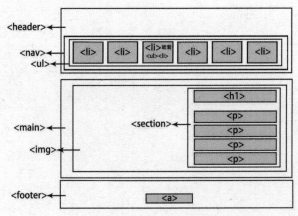

图 4 – 26 页面结构

该页面的实现细节具体分析如下：

①页面头部由 < header > 标签嵌套 < nav > 标签构成。

②每个导航项由 < li > 标签嵌套 < a > 标签构成，第三个导航项的 < li > 标签里又嵌套了 < ul > 标签用来制作二级导航栏。当鼠标悬停在第三个导航项时，会显示二级菜单层，该层使用了绝对定位。

③班级内容文字部分由 < section > 标签嵌套 < h1 > 标签、< p > 标签构成。由于 < main > 标签中嵌套了 < img > 标签，因此 < section > 标签使用绝对定位。

项目实施

1. 制作页面整体结构，定义全局 CSS 样式

（1）链入外部 CSS 样式

```
1 <link rel = "stylesheet" href = "css/banji3.css">
```

（2）定义全局 CSS 样式

```
1 * { padding: 0px;
2     margin: 0px;
3     box – sizing: border – box;}
4 ul li {
5     list – style: none;
6 }
7 a {
8     text – decoration: none;
9 }
```

2. 制作头部结构，定义 CSS 样式

（1）制作头部 html 结构

```
1 <header>
2   <nav>
```

```
3      <ul>
4          <li><a href="">首页</a></li>
5          <li><a href="">关于我们</a></li>
6          <li>
7              <a href="">相册</a>
8              <ul>
9                  <li><a href="">羽毛球比赛</a></li>
10                 <li><a href="">运动会比赛</a></li>
11                 <li><a href="">校庆晚会</a></li>
12             </ul>
13         </li>
14         <li><a href="">留言板</a></li>
15         <li><a href="">后语</a></li>
16     </ul>
17  </nav>
18 </header>
```

（2）定义 CSS 样式

```
1 header {
2     margin: 0px auto;
3     width: 981px;
4     height: 189px;
5     background-image: url(../img/123_01.gif);
6     padding-top: 140px;
7 }
8 nav > ul {
9     width: 500px;
10    margin: 0px auto;
11    position: relative;
12 }
13 nav > ul > li {
14    float: left;
15    width: 100px;
16    height: 25px;
17    line-height: 25px;
18    text-align: center;
19 }
20 nav > ul > li > a {
21    display: inline-block;
22    height: 16px;
```

```
23     line – height: 16px;
24     width: 100px;
25     border – right: 2px solid #776164;
26     font – size: 16px;
27     color: #fde5bd;
28     font – weight: bolder;
29 }
30 nav > ul > li:nth – child(5) a {
31     border: none;
32 }
33 nav > ul > li:nth – child(1) a {
34     color: goldenrod;
35 }
36 nav ul li ul {
37     width: 100px;
38     position: absolute;
39     top: 25px;
40     left: 200px;
41     background – image: linear – gradient(to bottom, #b29696 20% , #e6b5a6 60% );
42     display: none;
43 }
44 nav ul li ul li a {
45     color: #b46d08;
46     font – size: 14px;
47 }
48 nav ul li ul li a:hover {
49     color: #fde5bd;
50 }
51 nav > ul > li:hover ul {
52     display: block;
53     z – index: 9999;
54 }
```

3. 制作班级内容文字模块 **html** 结构，定义 **CSS** 样式

（1）制作班级内容文字模块 html 结构

```
1 < main >
2         < img src = "img/123_02.gif" alt = "" >
3         < section >
4                 < h1 >信心无畏,青春无悔 </h1 >
5                 <p >2023 年 9 月,一群朝气蓬勃,怀揣梦想与喜悦,来自五湖四海的青年来到了辽
6 宁生态工程职业学院,组建了我们软件 1 班这个大家庭,从此快乐、充实的生活开始了! </p >
```

```
7              <p>这是一个团结奋进、朝气蓬勃、温暖和谐的集体。在辅导员及各位班干部的带领
8 下,团结勤奋,刻苦努力,取得了很大的成绩。</p>
9              <p>学习之余,我们的课余生活丰富多彩,大家积极参加学校院系组织的各项活动,
10 在校庆晚会、运动会等活动中都能看到我们班级同学活跃的身影。</p>
11             <p>我们一步步走来,我们成长成了一个互帮互助、奋发向上的集体;一个博学务实、
12 拼搏不殆的集体;一个自强自信的集体。在这里,我们有欢笑,也有泪水;有成功,也有失败;一年的历
13 练,我们多了一份淡定与从容,少了一份稚嫩与青涩;多了一份关爱,少了一份自私;多了一份坚强,少
14 了一份懦弱。虽然我们的大学生涯还有许多未知的路要走,但我们全体成员会一如既往地走下去,建设好
15 我们的班级,承担我们的责任,追逐我们的梦想,寻找属于我们的天空!</p>
16        </section>
17 </main>
```

(2)定义 CSS 样式

```
1 main {
2     width: 981px;
3     margin: 0px auto;
4     position: relative;
5 }
6 section {
7     width: 450px;
8     position: absolute;
9     top: 50px;
10    right: 130px;
11    padding: 10px;
12 }
13 section h1 {
14    padding: 10px 0px;
15    color: #b46d08;
16 }
17 section p {
18    text - indent: 2em;
19    font - size: 14px;
20    line - height: 20px;
21    margin: 10px 0px;
22    color: #666;
23 }
```

4. 制作底部结构,定义 CSS 样式

(1)制作底部结构

```
1 <footer>
2 图片及内容出处:<a href = "https://blog.csdn.net/qq____805235520/article/
```

```
3 details/126316070">https://blog.csdn.net/qq____805235520/article/details/
4 126316070
5                  </a>
6 </footer>
```

（2）定义 CSS 样式

```
1 footer {
2      width: 981px;
3      height: 100px;
4      line-height: 100px;
5      background-color: #8e7477;
6      margin: 0px auto;
7      font-size: 12px;
8      text-align: center;
9      color: #fde5bd;
10 }
```

项目实训

实训目的

1. 进一步理解 float 属性。
2. 灵活运用 float 属性实现导航栏。
3. 理解相对定位和绝对定位的含义。
4. 掌握相对定位属性的应用。
5. 掌握绝对定位属性的应用。
6. 灵活运用定位属性实现 banner 效果。

实训内容

设计一个旅游公司网站首页，效果如图 4-27 所示。

图 4-27　页面显示效果

项目小结

通过本项目的学习，大家能够深刻剖析浮动和定位属性的应用，能够综合运用浮动和定位属性实现复杂的效果。

本项目注意事项：

①使用空标记清除浮动时，虽然可以清除浮动，但是在无形中增加了毫无意义的结构元素（空标记），因此在实际工作中不建议使用。

②在 CSS 中，有些属性前加"＊"或者"_"，这是针对不同浏览器所做的兼容性处理，这种技术叫作 CSS hack。在样式属性名前加"＊"，这样的样式可以被 IE6 和 IE7 所识别，而其他浏览器则会当作错误忽略，所以这样的写法只针对 IE6 和 IE7 生效。然而，"_"开头的属性只有 IE6 才能识别。

③使用伪元素::after 方法清除浮动时，需要将::after 作用在浮动元素的父元素中。

④设置绝对定位后，父元素的 padding 属性失效。

⑤当元素设置了绝对定位、固定定位后，会导致元素隐式转换为 inline – block;，此时块元素不会再像 block，宽度表现为父元素的100%，这与浮动是一样的，其实是当元素脱离文档流时，就需要手动设置宽度和高度了。

拓展阅读

那么 CSS 如何实现盒模型的水平垂直居中对齐呢？可以使用 position:absolute + margin:auto 来实现盒模型的水平垂直居中对齐，代码如下：

```
1  <! DOCTYPE html >
2  < html >
3      < head >
4          < meta charset = "UTF - 8" >
5          < title > < /title >
6          < style >
7                  * {
8                      margin: 0px;
9                      padding: 0px;
10                 }
11                 div{
12                     width: 200px;
13                     height: 200px;
14                     background - color: red;
15                     position: absolute;
16                     left: 0px;
17                     right: 0px;
18                     top: 0px;
19                     bottom: 0px;
20                     margin: auto;
21                 }
22         < /style >
```

```
23    < /head >
24    < body >
25          < div >
26                盒子水平垂直居中对齐
27          < /div >
28    < /body >
29 < /html >
```

项目 5

家装产品展示网页设计

项目目标

能力目标：

能够控制过渡时间、动画快慢等常见过渡效果。

能够制作 2D 转换、3D 转换效果。

知识目标：

掌握 CSS3 的变形属性。

掌握 CSS3 动画创新技巧。

素质目标：

培养学生社会责任感及创新精神。

培养学生生态文明意识，具有高尚的道德情操。

项目背景

在传统的网页设计中，当页面要显示特效或者动画时，需要使用 JavaScript 或者 Flash 来实现，而 CSS3 的出现打破了这一传统的方式，CSS3 提供了强大的动画和特效属性，可以实现过渡、缩放、移动和旋转等效果。

本项目使用 CSS3 高级特性技术制作家装产品展示网页。项目默认效果如图 5 - 1 所示。

图 5 - 1　页面默认效果

当单击导航栏"现代简约风格"选项时,该选项的背景颜色发生变化,并且页面出现现代简约风格的介绍内容,如图 5-2 所示。当单击导航栏"中式风格"选项时,该选项的背景颜色发生变化,并且页面出现中式风格的介绍内容,如图 5-3 所示。

图 5-2 "现代简约风格"效果

图 5-3 "中式风格"效果

德育内容:

1. 融入德育元素,引导学生从思想上支持环保,从行动上积极宣传环保。

2. 融入德育元素,培养学生社会责任感、创新精神和实践能力。

项目知识

任务 5.1 过渡

通过 CSS3,可以在不使用 Flash 或 JavaScript 的情况下,当元素从一种样式变换为另一种样式时为元素添加效果。在 CSS3 中，过渡属性主要包括 transition – property、transition – duration、transition – timing – function、transition – delay 等。

5.1.1　transition – property 属性

transition – property 属性用于指定应用过渡效果的 CSS 属性的名称（当指定的 CSS 属性改变时，过渡效果开始出现），过渡效果通常在用户将鼠标指针悬停到元素上时出现。其语法格式如下：

```
选择器{transition-property:none|all|property;}
```

上述语法格式中，transition – property 属性的属性值包括 none、all 和 property 三个。其中，none 表示没有属性会获得过渡效果（默认值）；all 表示所有属性都将获得过渡效果；property 表示定义应用过渡效果的 CSS 属性名称，多个名称之间用半角逗号分隔。

5.1.2　transition – duration 属性

transition – duration 属性用于规定完成过渡效果需要花费的时间（以秒或毫秒为单位）。其语法格式如下：

```
选择器{transition-duration: time;}
```

上述语法格式中，transition – duration 属性的属性值为 time（以秒或毫秒为单位），默认值是 0，意味着不会有效果。

任务实践 5 – 1　transition – property 属性和 transition – duration 属性的用法

任务描述：设计一个网页，当鼠标指针悬停到网页中的表格区域时，表格区域的背景颜色由红色逐渐变为蓝色，宽度和高度也将发生变化：逐渐变宽、逐渐变高，最终效果如图 5 – 4 所示。

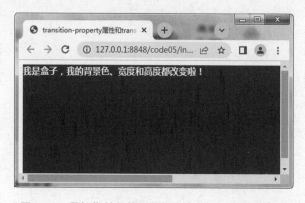

图 5 – 4　鼠标指针悬停到网页中表格区域的最终效果

任务分析：

①根据任务要求，在页面主体 < body > 中嵌入一对 < div > 标签。

②设置 < div > 标签的 CSS 样式（宽度、高度和背景颜色等属性）。

③设置伪类:hover 的 CSS 样式（宽度、高度和背景颜色等属性，指定动画过渡的 CSS 属性，指定动画过渡的时间）。

任务实施:

```
1  <!doctype html>
2  <html>
3    <head>
4      <meta charset = "UTF - 8">
5      <title>transition - property 属性和 transition - duration 属性 </title>
6      <style type = "text/css">
7        div{
8            width:400px;
9            height:100px;
10           background - color:red;
11           font - weight:bold;
12           color:#FFFFFF;
13           /*指定动画过渡的 CSS 属性*/
14           transition - property:background - color,width,height;
15           -webkit - transition - property:background - color,width,height; /*
16       Safari and Chrome 浏览器兼容代码*/
17           -moz - transition - property:background - color,width,height  ;/*
18       Firefox 浏览器兼容代码*/
19           -o - transition - property:background - color,width,height;  /*
20       Opera 浏览器兼容代码*/
21           /*指定动画过渡的时间*/
22           transition - duration:5s;
23           -webkit - transition - duration:5s;
24           -moz - transition - duration:5s;
25           -o - transition - duration:5s;}
26        div:hover{
27            background - color:blue;
28            width:800px;
29           height:200px;
30          }
31    </style>
32  </head>
33  <body>
34    <div>我是盒子,我的背景色、宽度和高度都改变啦! </div>
35  </body>
36  </html>
```

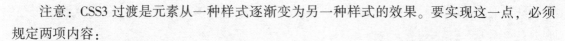

注意：CSS3 过渡是元素从一种样式逐渐变为另一种样式的效果。要实现这一点，必须规定两项内容：

①把过渡效果添加到哪个 CSS 属性上，即定义 transition – property 属性。

②过渡效果的时长，即定义 transition – duration 属性。

5.1.3　transition – timing – function 属性

transition – timing – function 属性用于规定过渡效果的速度曲线。该属性允许过渡效果随着时间来改变其速度。其语法格式如下：

```
选择器｛transition – timing – function:linear ｜ease ｜ease – in ｜ease – out ｜ease – in –
out ｜cubic – bezier(n,n,n,n);｝
```

上述语法格式中，linear 表示规定以相同速度开始至结束的过渡效果；ease 表示规定慢速开始，然后变快，最后慢速结束的过渡效果；ease – in 表示规定以慢速开始的过渡效果；ease – out 表示规定以慢速结束的过渡效果；ease – in – out 表示规定以慢速开始和结束的过渡效果；cubic – bezier(n,n,n,n) 表示立方贝塞尔曲线，在该函数中定义自己的值，可能的值是从 0 到 1 的数值。

任务实践 5 – 2　transition – timing – function 属性的用法

任务描述：在网页的水平中间位置设计一个正方形，当鼠标指针悬停到正方形区域时，正方形逐渐变成正圆形，最终效果如图 5 – 5 所示。

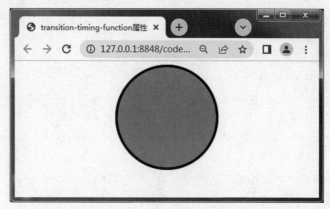

图 5 – 5　鼠标指针悬停到网页正方形区域的最终效果

任务分析：

①根据任务要求，在页面主体 < body > 中添加一对 < div > 标签。

②设置 < div > 标签的 CSS 样式（宽度、高度、背景颜色和水平对齐等属性）。

③设置伪类:hover 的 CSS 样式（宽度、高度和背景颜色等属性，指定动画过渡的 CSS 属性，指定动画过渡的时间，指定动画以慢速开始和结束的过渡效果）。

任务实施：

```
1  <! doctype html >
2  < html >
```

```
3    <head>
4        <meta charset = "UTF - 8">
5        <title>transition - timing - function 属性</title>
6        <style type = "text/css">
7            div{
8                width:200px;
9                height:200px;
10               margin:0 auto;
11               background - color: coral;
12               border:5px solid black;
13               border - radius:0px;}
14           div:hover{
15               border - radius:50%;
16       /*指定动画过渡的 CSS 属性*/
17               -webkit - transition - property:border - radius;   /*Safari and Chrome
18  浏览器兼容代码*/
19               -moz - transition - property:border - radius;        /*Firefox 浏览器兼容
20  代码*/
21               -o - transition - property:border - radius;        /*Opera 浏览器兼容代码*/
22       /*指定动画过渡的时间*/
23               -webkit - transition - duration:5s;                /*Safari 和 Chrome 浏
24  览器兼容代码*/
25               -moz - transition - duration:5s;                    /*Firefox 浏览器兼容
26  代码*/
27               -o - transition - duration:5s;                     /*Opera 浏览器兼容代码*/
28       /*指定动画以慢速开始和结束的过渡效果*/
29               -webkit - transition - timing - function:ease - in - out; /*Safari 和
30  Chrome 浏览器兼容代码*/
31               -moz - transition - timing - function:ease - in - out;      /*Firefox 浏
32  览器兼容代码*/
33               -o - transition - timing - function:ease - in - out;}       /*Opera 浏览
34  器兼容代码*/
35       </style>
36   </head>
37   <body>
38       <div></div>
39   </body>
40  </html>
```

5. 1. 4 transition – delay 属性

transition – delay 属性用于规定过渡效果何时开始。其语法格式如下：

```
选择器{transition-delay: time;}
```

上述语法格式中，transition – delay 的属性值为 time，以秒（s）或毫秒（ms）为单位，可以取正数（过渡动作会延迟触发），也可以取负数（过渡动作会从该时间点开始，之前的动作被截断）。

在任务实践 5 – 2 的基础上，在第 34 行代码后面增加如下代码，用于实现当鼠标指针悬停到网页中的正方形区域时，开始时正方形区域没有变化，但等待 5 s 后，过渡的动作将会被触发，正方形开始逐渐慢速变化，然后逐渐加速变化，最后慢速变为正圆形。

```
/*指定动画延迟触发*/
-webkit-transition-delay:5s;        /*Safari 和 Chrome 浏览器兼容代码*/
-moz-transition-delay:5s;           /*Firefox 浏览器兼容代码*/
-o-transition-delay:5s;             /*Opera 浏览器兼容代码*/
```

5. 1. 5 transition 属性

transition 属性是一个简写属性（复合属性），用于设置如下四个过渡属性。

- transition – property：用于指定应用过渡效果的 CSS 属性的名称。
- transition – duration：用于规定完成过渡效果需要花费的时间。
- transition – timing – function：用于规定过渡效果的速度曲线。
- transition – delay：用于规定过渡效果何时开始。

transition 属性的语法格式如下：

```
选择器{transition: property duration timing-function delay;}
```

使用 transition 属性设置多个过渡效果时，它的各个属性值必须按照顺序进行定义，不能颠倒。如任务实践 5 – 2 中设置的四个过渡属性，就可以用如下代码代替：

```
-webkit-transition:border-radius 5s ease-in-out 5s; /*Safari 和 Chrome 浏览器兼容代码*/
-moz-transition:border-radius 5s ease-in-out 5s; /*Firefox 浏览器兼容代码*/
-o-transition:border-radius 5s ease-in-out 5s;   /*Opera 浏览器兼容代码*/
```

注意：无论是单个属性还是简写属性，使用时都可以实现多种过渡效果。如果使用 transition 简写属性设置多种过渡效果，需要为每个过渡属性集中指定所有的值，并且使用半角逗号进行分隔，例如：transition:width 5s,height 5s,border – radius 5s;。

任务实践 5 – 3 transition 属性的用法

任务描述：在网页的中心位置插入一张图像，在图像的下方显示文字"春暖花开"，如图 5 – 6 所示。当鼠标悬停在该图像时，该图像上显示文字（文字由下至上出现），背景颜色半透明，效果如图5-7所示。

图5-6　初始效果图

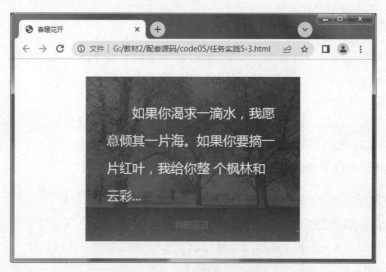

图5-7　鼠标悬停时效果

任务分析：

①根据任务要求，在页面主体 < body > 中嵌入 < main > 标签，在 < main > 标签中嵌套 < section > 标签，在 < section > 标签中嵌套 < img > 标签、< h4 > 标签、< div > 标签，在 < div > 标签中嵌套 < p > 标签。

②定义 < main > 标签在页面中水平垂直居中对齐属性；定义 < section > 标签相对定位及溢出隐藏属性；定义 < h4 > 标签绝对定位及其他外观效果属性；定义 < div > 标签绝对定位及动画效果属性；定义 < p > 标签外观效果属性；定义鼠标悬停在 < section > 标签时，< div > 标签的位置属性。

任务实施：

```
1  <!DOCTYPE html >
2  <html >
3      <head >
4          <meta charset = "UTF - 8" >
5          <title >春暖花开 </title >
6          <style type = "text/css" >
7              * {
8                  margin: 0px;
9                  padding: 0px;
10                 box - sizing: border - box;
11             }
12             main{
13                 position: absolute;
14                 top:0;
15                 right: 0;
16                 left: 0;
17                 bottom: 0;
18                 width: 399px;
19                 height: 298px;
20                 margin: auto;
21             }
22             section {
23                 position: relative;
24                 width: 399px;
25                 font - size: 0;
26                 overflow: hidden;
27
28             }
29             section h4 {
30                 background: linear - gradient(to bottom, #2b6404, #69f50c);
31                 padding - top: 20px;
32                 padding - bottom: 20px;
33                 text - align: center;
34                 color: #FFFFFF;
35                 position: absolute;
36                 bottom: 0px;
37                 width: 399px;
38                 font - weight: 700;
39                 font - size: 1rem;
40             }
41             .go - top {
42                 background - color: rgba(45, 62, 78, 0.67);
43                 color: #FFFFFF;
```

```
44                      position: absolute;
45                      width: 100%;
46                      height: 298px;
47                      top: 298px;
48                       - webkit - transition:top 0.5s Ease;
49                       - moz - transition:top 0.5s Ease;
50                       - o - transition:top 0.5s Ease;
51                      transition:top 0.5s Ease;
52                  }
53              section:hover > .go - top {
54                      top: 0px;
55                  }
56              .go - top p {
57                      text - indent: 2em;
58                      font - size: 1.5rem;
59                      line - height: 50px;
60                      color: #FFFFFF;
61                      margin: 40px;
62                  }
63          </style >
64      < /head >
65      < body >
66          < main >
67              < section >
68                  < img src = "img/green.jpg" >
69                  < h4 >春暖花开 < /h4 >
70                  < div class = "go - top" >
71                      < p >如果你渴求一滴水,我愿意倾其一片海。如果你要摘一片红
72  叶,我给你整个枫林和云彩… < /p >
73                  < /div >
74              < /section >
75          < /main >
76      < /body >
77  < /html >
```

任务 5.2 变形

transform 从字面理解,是变形、改变的意思,CSS3 的 transform 属性可以对 HTML 元素变形,主要的变形形式有平移、缩放、倾斜和旋转。其实,CSS3 的变形本质不脱标,只是人们视觉上产生了变化而已。其语法格式如下:

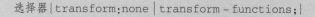

```
选择器{transform:none | transform - functions;}
```

上述语法中，transform 属性的属性值是 none，表示不进行变形；transform - functions 用于设置变形方法。CSS3 的变形是一系列效果的集合，如平移、旋转、缩放和倾斜，每个效果都需要通过调用各自的方法来实现。

5.2.1　2D 转换

通过 CSS3 的 2D 转换，能够对元素进行移动、缩放、旋转、拉长或拉伸。2D 转换的函数如下。

①translate( )函数：对元素进行平移。

②scale( )函数：对元素进行缩放。

③skew( )函数：对元素进行倾斜。

④rotate( )函数：对元素进行旋转。

1. translate( )函数

通过 translate( )函数，能够将元素从其当前位置进行平移。所谓的平移，是指图形沿着 x 轴或 y 轴进行直线运动。平移不会改变图形的形状和大小。该方法包含两个参数，分别用于定义 x 轴和 y 轴坐标，其语法格式如下：

```
选择器{transform: translate(x - value,y - value);}
```

上述语法格式中，x - value 指元素在水平方向上移动的距离，y - value 指元素在垂直方向上移动的距离，单位为 px、em、百分比等。如果省略了第二个参数，则取默认值 0。当 x - value 值为正数时，表示向右移动元素，反之，则表示向左移动元素；当 y - value 值为正数时，表示向下移动元素，反之，则表示向上移动元素。注意，基准点是元素的中心点，而非元素的左顶点。

任务实践 5 - 4　translate( )函数的用法

任务描述：在网页中插入一张图像，当鼠标悬停在该图像时，该图像匀速向右下方移动，移动时间为 10 s，最终效果如图 5 - 8 所示。

图 5 - 8　translate( )函数的用法最终效果

任务分析：

①根据任务要求，在页面主体 < body > 中嵌入一对 < div > 标签，在 < div > 标签中嵌套 < img > 标签。

②设置 < div > 标签的 CSS 样式（宽度和高度属性）。

③设置伪类：hover 的 CSS 样式（定义 translate( ) 函数，指定动画过渡的 CSS 属性，指定动画过渡的时间，指定动画以匀速开始和结束的过渡效果）。

任务实施：

```
1  <!DOCTYPE html >
2  <html >
3      <head >
4          <meta charset = "UTF - 8" >
5          <title >translate()函数的用法</title >
6          <style type = "text/css" >
7                  div {
8                      width:136px;
9                      height:80px;
10                 }
11                 div:hover {
12                     transform: translate(50px, 100px);
13                     -ms -transform: translate(50px, 100px);
14                     /* IE 浏览器私有属性 */
15                     -moz -transform: translate(50px, 100px);
16                     /* Firefox 浏览器私有属性 */
17                     -webkit -transform: translate(50px, 100px);
18                     /* Safari 和 Chrome 浏览器私有属性 */
19                     -o -transform: translate(50px, 100px);
20                     /* Opera 浏览器私有属性 */
21                     transition: transform 10s linear;
22                 }
23          </style >
24      </head >
25      <body >
26          <div > <img src = "img/qc.jpg" > </div >
27      </body >
28  </html >
```

2. scale( ) 函数

通过 scale( ) 函数，能够将元素从其当前位置进行缩放。缩放，指的是"缩小"和"放大"。在 CSS3 中，可以使用 scale( ) 函数将元素根据中心原点进行缩放。该方法包含两个参数，分别用于定义宽度（x 轴）和高度（y 轴）的缩放比例，元素尺寸的增加或减小由定义的宽度（x轴）和高度（y轴）参数控制，其语法格式如下：

```
选择器{transform:scale(x-axis,y-axis);}
```

上述语法格式中，x-axis和y-axis的取值可以是正数、负数和小数。正数表示基于指定的宽度和高度放大元素的倍数。负数不会缩小元素倍数，而是反转元素（如文字被反转），然后放大元素倍数。如果第二个参数省略，则第二个参数等于第一个参数。数值大于1表示放大元素，数值小于1表示缩小元素。

任务实践5-5　scale()函数的用法

任务描述：在网页中插入一张图像，当鼠标悬停在该图像时，该图像宽度匀速放大2倍，高度匀速反转放大4倍，放大过渡时间为10 s。最终效果如图5-9所示。

图5-9　scale()函数的用法最终效果

任务分析：

①根据任务要求，在页面主体<body>中嵌入一对<div>标签，在<div>标签中嵌套<img>标签。

②设置<div>标签的CSS样式（宽度和高度属性）。

③设置伪类:hover的CSS样式（定义scale()函数，指定动画过渡的CSS属性，指定动画过渡的时间，指定动画以匀速开始和结束的过渡效果）。

任务实施：

```
1  <!DOCTYPE html>
2  <html>
3    <head>
4        <meta charset="UTF-8">
5        <title>scale()函数的用法</title>
6        <style type="text/css">
```

```
7              div {
8                    width: 136px;
9                    height: 80px;
10                   margin: 500px;
11             }
12             div:hover {
13                   transform: scale(2, -4);
14                   -ms-transform: scale(2, -4);
15                   /* IE 浏览器私有属性 */
16                   -moz-transform: scale(2, -4);
17                   /* Firefox 浏览器私有属性 */
18                   -webkit-transform: scale(2, -4);
19                   /* Safari 和 Chrome 浏览器私有属性 */
20                   -o-transform: scale(2, -4);
21                   /* Opera 浏览器私有属性 */
22                   transition: transform 10s linear;
23             }
24         </style>
25     </head>
26     <body>
27         <div><img src="img/qc.jpg"></div>
28     </body>
29 </html>
```

注意：scale(x,y) 函数也可以扩展为 scaleX(x) 和 scaleY(y) 两个函数，其中，scaleX(x) 指元素仅水平方向缩放（x 轴缩放），scaleY(y) 指元素仅垂直方向缩放（y 轴缩放）。

3. skew() 函数

通过 skew() 函数，能够使元素倾斜显示，该方法包含两个参数，分别用来定义 x 轴和 y 轴坐标倾斜的角度。其语法格式如下：

```
选择器{transform:skew(x-angle,y-angle);}
```

上述语法格式中，x-angle 和 y-angle 表示角度，第一个参数表示相对于 x 轴倾斜的角度，第二个参数表示相对于 y 轴倾斜的角度，如果省略了第二个参数，则取默认值 0。

任务实践 5-6　skew() 函数的用法

任务描述：在网页中插入一张图像，当鼠标悬停在该图像上时，该图像在横轴方向匀速倾斜 30°，在纵轴方向匀速倾斜 20°，倾斜过渡时间为 10 s。最终效果如图 5-10 所示。

任务分析：

①根据任务要求，在页面主体 <body> 中嵌入一对 <div> 标签，在 <div> 标签中嵌套 <img> 标签。

②设置 <div> 标签的 CSS 样式（宽度和高度属性）。

图 5 – 10　skew( )函数的用法最终效果

③设置伪类:hover 的 CSS 样式（指定 skew( )函数，指定动画过渡的 CSS 属性，指定动画过渡的时间，指定动画以匀速开始和结束的过渡效果）。

任务实施:

```
1  <! DOCTYPE html >
2  <html >
3     <head >
4         <meta charset = "UTF - 8 " >
5         <title >skew( )函数的用法 </title >
6         <style type = "text/css" >
7             div {
8                 width: 136px;
9                 height: 80px;
10            }
11            div:hover {
12                transform: skew(30deg, 20deg);
13                -ms - transform: skew(30deg, 20deg);
14                /* IE 浏览器私有属性 */
15                -moz - transform: skew(30deg, 20deg);
16                /* Firefox 浏览器私有属性 */
17                -webkit - transform: skew(30deg, 20deg);
18                /* Safari 和 Chrome 浏览器私有属性 */
19                -o - transform: skew(30deg, 20deg);
20                /* Opera 浏览器私有属性 */
21                transition: transform 10s linear;
22            }
23        </style >
24     </head >
25     <body >
26         <div > <img src = "img/qc.jpg" > </div >
27     </body >
28  </html >
```

4. rotate( )函数

通过 rotate( )函数，能够在二维空间内旋转指定的元素对象。其语法格式如下：

```
选择器{transform:rotate(angle);}
```

上述语法格式中，angle 表示要旋转的角度。如果角度为正值，则按照顺时针方向进行旋转，否则按照逆时针方向进行旋转。需要注意的是，rotate( )函数是以元素的中心点为原点进行旋转的，如果想要改变这个中心点，则需要使用 transform – origin 属性。其语法格式如下：

```
选择器{transform-origin:x-axis y-axis;}
```

上述语法格式中，x – axis 表示 x 轴偏移量，y – axis 表示 y 轴偏移量。

任务实践 5 – 7   rotate( )函数的用法

任务描述：在网页中插入一张图像，当鼠标悬停在该图像时，该图像围绕其中心点匀速旋转 30°，持续时间为 10 s。最终效果如图 5 – 11 所示。

图 5 – 11   rotate( )函数的用法最终效果

任务分析：

①根据任务要求，在页面主体 < body > 中嵌入一对 < div > 标签，在 < div > 标签中嵌套 < img > 标签。

②设置 < div > 标签的 CSS 样式（宽度和高度等属性）。

③设置伪类:hover 的 CSS 样式（定义 rotate( )函数，指定动画过渡的 CSS 属性，指定动画过渡的时间，指定动画以匀速开始和结束的过渡效果）。

任务实施：

```
1  <!DOCTYPE html >
2  <html >
3    <head >
4        <meta charset = "UTF – 8" >
5        <title >rotate()函数的用法 </title >
6        <style type = "text/css" >
7            div {
8                width:136px;
9                height:80px;
```

```
10                  margin: 300px;
11                  transition: transform 10s linear;
12              }
13          div:hover {
14                  transform: rotate(30deg);
15                  -ms-transform: rotate(30deg);
16                  /* IE 浏览器私有属性 */
17                  -moz-transform: rotate(30deg);
18                  /* Firefox 浏览器私有属性 */
19                  -webkit-transform: rotate(30deg);
20                  /* Safari 和 Chrome 浏览器私有属性 */
21                  -o-transform: rotate(30deg);
22                  /* Opera 浏览器私有属性 */
23              }
24      </style>
25  </head>
26  <body>
27      <div><img src="img/qc.jpg"></div>
28  </body>
29 </html>
```

5.2.2　3D 转换

通过 2D 转换，能使元素在二维空间进行顺时针或逆时针旋转；通过 3D 转换，可以让元素围绕 x 轴、y 轴、z 轴即三维空间进行旋转。3D 转换函数如下。

①rotateX( ) 函数：使元素围绕其 x 轴旋转。

②rotateY( ) 函数：使元素围绕其 y 轴旋转。

③rotateZ( ) 函数：使元素围绕其 z 轴旋转。

④translateX( ) 函数：使元素围绕其 x 轴平移。

⑤translateY( ) 函数：使元素围绕其 y 轴平移。

⑥translateZ( ) 函数：使元素围绕其 z 轴平移。

1. rotateX( ) 函数

通过 rotateX( ) 函数，使元素围绕其 x 轴以给定的度数进行旋转，其语法格式如下：

```
选择器{transform:rotateX(angle);}
```

上述语法格式中，angle 用于定义旋转的角度，单位为度（deg），其值可以是正数，也可以是负数。按照左手法则，判断旋转方向：左手握住旋转轴，拇指指向 x 轴的正方向，其余手指的弯曲方向为旋转的正方向，即沿 x 轴向屏幕里进行旋转；反之，则沿 x 轴向屏幕外进行旋转。

任务实践 5 – 8   rotateX( ) 函数的用法

任务描述：在网页中插入一张图像，当鼠标悬停在图像上时，图像绕 x 轴匀速旋转80°，旋转时间为 5 s。最终效果如图 5 – 12 所示。

图 5 – 12   rotateX( ) 函数的用法最终效果

提示：Internet Explorer 和 Opera 不支持 rotateX( )方法。

任务分析：

①根据任务要求，在页面主体 < body > 中嵌入一对 < div > 标签，在 < div > 标签中嵌套 < ing > 标签。

②设置 < div > 标签的属性。

③设置伪类：hover 的属性（transform：rotateX(80deg)、transition：transform 5s linear）。

任务实施：

```
1  <!DOCTYPE html >
2  <html >
3     <head >
4          <meta charset = "UTF – 8" >
5          <title >rotateX()函数的用法 </title >
6          <style type = "text/css" >
7               div {
8                    width: 136px;
9                    height: 80px;
10                   margin: 200px;
11              }
12              div:hover {
13                   transform: rotateX(80deg);
14                   -webkit – transform: rotateX(80deg);
15                   /* Safari 和 Chrome 浏览器兼容代码 */
16                   transition: transform 5s linear;
17              }
18        </style >
```

```
19    </head>
20    <body>
21        <div><img src="img/qc.jpg"></div>
22        <p><b>注释:</b>Internet Explorer和Opera不支持rotateX方法。</p>
23    </body>
24  </html>
```

2. rotateY( )函数

通过rotateY( )函数,可以使元素围绕其y轴以给定的度数进行旋转,其语法格式如下:

```
选择器{transform:rotateY(angle);}
```

上述语法格式中,angle用于定义旋转的角度,单位为度(deg),其值可以是正数,也可以是负数。按照左手法则,判断旋转方向:左手握住旋转轴,拇指指向y轴的正方向,其余手指的弯曲方向为旋转的正方向,即沿y轴向屏幕里进行旋转;反之,则沿y轴向屏幕外进行旋转。

任务实践5-9　rotateY( )函数的用法

任务描述:在网页中插入一张图像,当鼠标悬停在图像上时,图像绕y轴匀速旋转360°,旋转时间为5 s。最终效果如图5-13所示。

图5-13　rotateY( )函数的用法最终效果

提示:Internet Explorer和Opera不支持rotateY( )方法。

任务分析:

①根据任务要求,在页面主体<body>中嵌入一对<div>标签,在<div>标签中嵌套<ing>标签。

②设置<div>标签的属性。

③设置伪类:hover的属性(transform:rotateY(360deg)、transition:transform 5s linear)。

任务实施:

```
1  <!DOCTYPE html>
2  <html>
3    <head>
4        <meta charset="UTF-8">
```

```
5              <title > < /title >
6              <style type = "text/css" >
7                   div {
8                        width: 136px;
9                        height: 80px;
10                   }
11                   div:hover {
12                        transform: rotateY(360deg);
13                        -webkit - transform: rotateY(360deg);
14                        /* Safari 和 Chrome 浏览器兼容代码 */
15                        transition: transform 5s linear;
16                   }
17         < /style >
18    < /head >
19    < body >
20         < div > < img src = "img/qc.jpg" > < /div >
21         < p > < b >注释: < /b > Internet Explorer 和 Opera 不支持 rotateY 方法。< /p >
22    < /body >
23  < /html >
```

3. rotateZ( )函数

在 3D 转换中,元素的 z 轴是指元素在初始情况下,从元素背面穿过元素指向元素正面的方向。

通过 rotateZ( )函数,使元素围绕其 z 轴以给定的度数进行旋转,其语法格式如下:

```
选择器{transform:rotateZ(angle);}
```

上述语法格式中,angle 用于定义旋转的角度,单位为度(deg),其值可以是正数,也可以是负数。按照左手法则,判断旋转方向:左手握住旋转轴,拇指指向 z 轴的正方向,其余手指的弯曲方向为旋转的正方向,即沿 z 轴顺时针进行旋转;反之,沿 z 轴逆时针进行旋转。

任务实践 5 – 10 rotateZ( )函数的用法

任务描述:在网页中插入一张图像,当鼠标悬停在图像上时,图像绕 z 轴匀速旋转 60°,旋转时间为 5 s。最终效果如图 5 – 14 所示。

图 5 – 14 rotateZ( )函数的用法最终效果

任务分析：

①根据任务要求，在页面主体 < body > 中嵌入一对 < div > 标签，在 < div > 标签中嵌套 < ing > 标签。

②设置 < div > 标签的属性。

③设置伪类：hover 的属性（transform：rotateZ(60deg)、transition：transform 5s linear）。

任务实施：

```
1  <!DOCTYPE html >
2  <html >
3     <head >
4         <meta charset = "UTF-8">
5         <title >rotateZ()函数的用法</title >
6         <style type = "text/css">
7             div {
8                 width: 136px;
9                 height: 80px;
10            }
11            div:hover {
12                transform: rotateZ(60deg);
13                -webkit-transform: rotateZ(60deg);
14                /* Safari 和 Chrome 浏览器兼容代码 */
15                transition: transform 5s linear;
16            }
17        </style >
18    </head >
19    <body >
20        <div > <img src = "img/qc.jpg"> </div >
21    </body >
22  </html >
```

4. translateX()函数

translateX()函数是一个内置函数，用于沿水平方向 x 轴移动元素。其语法格式如下：

```
选择器{transform:translateX(x-value);}
```

上述语法格式中，x-value 指元素在水平方向 x 轴上移动的距离，单位为 px、em、百分比等。当 x-value 值为正数时，表示向右移动；反之，则表示向左移动元素。

5. translateY()函数

translateY()函数是一个内置函数，用于沿竖直方向 y 轴移动元素。其语法格式如下：

```
选择器{transform:translateY(y-value);}
```

上述语法格式中，y-value 指元素在竖直方向 y 轴上移动的距离，单位为 px、em、百分比等。当 y-value 值为正数时，表示向下移动；反之，则表示向上移动元素。

6. translateZ( )函数

translateZ( )函数是一个内置函数，用于沿着 z 轴方向移动元素，即从观察者的角度而言，元素是更近了或是更远了。其语法格式如下：

```
选择器{transform:translateZ(y-value);}
```

上述语法格式中，y – value 的单位为 px、em、百分比等。在父元素没开启 3D 空间（transform – style：preserve – 3d）的情况下，定义 translateZ( )函数无效。

（1）transform – style 属性

transform – style 属性指定嵌套元素是怎样在三维空间中呈现的。其语法格式如下：

```
选择器{transform-style: flat |preserve-3d;}
```

该属性有两个属性值：flat 和 preserve – 3d，默认值是 flat。flat 属性值将设置元素的子元素位于该元素的平面中，preserve – 3d 将设置元素的子元素应位于 3D 空间中。

注意：该属性的效果作用于子元素，不作用于自身。该属性要结合 transform 使用，否则无效。

如果元素设置了 transform – style:preserve – 3d，就不能为了防止子元素溢出容器而设置 overflow:hidden，否则子元素仍然不能实现 3D 效果（与设置了 transform – style：flat 效果一致）。

（2）perspective 属性

perspective 属性定义 3D 元素与视图的距离，以像素计。可简单理解为视距，用来设置用户和元素 3D 空间 z 平面之间的距离，而效应由它的属性值来决定。

当为元素定义 perspective 属性时，其子元素会获得透视效果，而不是元素本身。perspective 属性只影响 3D 转换元素。其语法格式如下：

```
选择器{perspective: number |none;}
```

该属性有两个属性值：number 和 none，默认值是 none。number 属性值指元素与视图的距离，以像素计，值越小，用户和元素 3D 空间 z 平面的距离就越近，反之，则越远，视觉效果越好，一般该值设置为 1 000 px 以上。none 属性值与 0 相同，不设置透视。

任务实践 5 – 11   制作 3D 旋转的导航栏

任务描述：设计一个导航栏，实现任意导航项 3D 旋转效果。初始状态页面效果如图 5 – 16 所示。当鼠标悬停在任意导航项时，页面效果如图 5 – 16 所示，最终效果如图 5 – 17 所示。

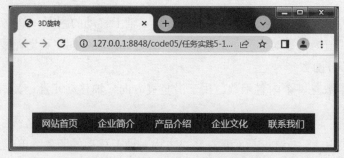

图 5 – 15   初识状态页面效果

图 5-16　鼠标悬停在导航项时页面效果

图 5-17　最终效果

任务分析：

①根据任务要求，在页面主体 < body > 中嵌入 < ul >、< li > 标签，每对 < li > 标签嵌套 div. box，每个 div. box 又嵌套一对 div. front 和一对 div. bottom，其中，div. bottom 内嵌套 < a > 标签。

②定义 < ul >、< li > 标签，实现水平导航效果。

③定义 div. box 的 transform - style：preserve - 3d；position：relative；transition：all 5s。

④定义 . box：hover 的 transform：rotateX(90deg)。

⑤定义 div. front 和 div. bottom 的 position：absolute。

⑥定义 div. front 的 transform：translateZ(17.5px)。

⑦定义 div. bottom 的 transform：translateY(17.5px) rotateX(- 90deg)。

任务实施：

```
1  < ! DOCTYPE html >
2  < html >
3      < head >
4          < meta charset = "UTF - 8" >
5          < meta http - equiv = "X - UA - Compatible" content = "IE = edge" >
6          < meta name = "viewport" content = "width = device - width, initial - scale =
7  1.0" >
8          < title >3D 旋转 < /title >
9          < style >
```

```
10              * {
11                      margin: 0;
12                      padding: 0;
13              }
14              ul {
15                      width: 500px;
16                      margin-top: 100px;
17                      margin-left: auto;
18                      margin-right: auto;
19              }
20              ul li {
21                      float: left;
22                      width: 100px;
23                      height: 35px;
24                      line-height: 35px;
25                      text-align: center;
26                      list-style: none;
27              }
28              ul li a {
29                      text-decoration: none;
30              }
31              .box {
32                      position: relative;
33                      width: 100%;
34                      height: 100%;
35                      transform-style: preserve-3d;
36                      transition: all 5s;
37              }
38              .box:hover {
39                      transform: rotateX(90deg);
40              }
41              .front,.bottom {
42                      position: absolute;
43                      top: 0;
44                      left: 0;
45                      width: 100%;
46                      height: 100%;
47              }
48              .front {
49                      color: #ffffff;
```

```
50                    background: linear - gradient(to top, #284d6c, #495b6a);
51                        z - index: 1;
52                        transform: translateZ(17.5px);
53                    }
54                .bottom {
55                        background - color: aquamarine;
56                        transform: translateY(17.5px) rotateX( - 90deg);
57                    }
58            </style >
59    </head >
60    <body >
61        <ul >
62            <li >
63                <div class = "box" >
64                    <div class = "front" >网站首页 </div >
65                    <div class = "bottom" > <a href = "#" >网站首页 </a >
66                    </div >
67                </div >
68            </li >
69            <li >
70                <div class = "box" >
71                    <div class = "front" >企业简介 </div >
72                    <div class = "bottom" > <a href = "#" >企业简介 </a >
73                    </div >
74                </div >
75            </li >
76            <li >
77                <div class = "box" >
78                    <div class = "front" >产品介绍 </div >
79                    <div class = "bottom" > <a href = "#" >产品介绍 </a >
80 </div >
81                    </div >
82            </li >
83            <li >
84                <div class = "box" >
85                    <div class = "front" >企业文化 </div >
86                    <div class = "bottom" > <a href = "#" >企业文化 </a >
87 </div >
88                    </div >
89            </li >
```

```
90              <li>
91                  <div class = "box" >
92                      <div class = "front" >联系我们 </div >
93                      <div class = "bottom" > <a href = "#" >联系我们 </a >
94  </div >
95                  </div >
96              </li >
97          </ul >
98      </body >
99  </html >
```

任务 5.3 动画

通过 CSS3 animation 可以创建动画，在网页制作中，其在许多情况下可以取代 Flash 及 JavaScript。使用 CSS3 animation 制作动画时，只需要定义几个关键帧，就可以生成连续的动画。

5.3.1 定义关键帧

当需要创建动画时，首先要定义动画的关键帧，@ keyframes 属性规定了动画的关键帧，关键帧定义了元素在各个时间点的样式。其语法格式如下：

```
@ keyframes 动画名称{keyframes - selector{css - styles;}
```

上述语法格式中，定义的动画名称不能为空，keyframes - selector 指当前关键帧要应用到整个动画过程中的位置，值可以是一个百分比、from 或 to。其中，from 和 0 效果相同，表示动画的开始；to 和 100% 效果相同，表示动画的结束。css - styles 指执行到当前关键帧时对应的动画状态，由 CSS 样式属性进行定义，多个属性之间用分号分隔，不能为空。例如，使用@keyframes 属性定义一个背景颜色由红变成黄色的动画，代码如下：

```
@keyframes myfirst
{
    from {background:#F00;}
    to {background: #FF0;}
}
```

上述代码的作用是定义关键帧，使用@keyframes 属性定义了一个名为 myfirst 的动画，该动画开始即第一帧时，盒子的背景色是红色（#F00），动画结束即最后一帧时，背景色为黄色（#FF0），该动画效果还可以改写为如下代码：

```
@keyframes myfirst
{
```

```
0%{background:#F00;}
100%{background: #FF0;}
}
```

另外，如果需要创建一个中间位置的动画，例如，将盒子的背景色在中间位置即中间帧时设置为蓝色（#00F），则可以通过如下代码实现：

```
@keyframes myfirst
{
    0%{ background:#F00;}
    50%{ background: #00F; }
    100%{ background: #FF0; }
}
```

5.3.2　绑定动画

在 @keyframes 属性中定义了动画之后，必须使用 animation 属性或 animation 子属性对动画进行捆绑，否则不会产生动画效果。

animation 属性是一个简写属性（复合属性），用于设置如下 8 个过渡属性。animation 属性的语法格式如下：

```
选择器{animation: animation - name animation - duration animation - timing -
function animation - delay animation - iteration - count animation - direction
animation - play - state animation - fill - mode;}
```

①animation - name 属性：用于定义要应用的动画名称，为 @keyframes 属性定义的动画名称。其语法格式如下：

```
选择器{animation - name:keyframe |none;}
```

上述语法格式中，keyframe 规定需要绑定到选择器的动画的名称，none 规定无动画效果。

②animation - duration 属性：用于定义整个动画效果完成所需的时间，以秒或毫秒为单位。其语法格式如下：

```
选择器{animation - duration:time;}
```

上述语法格式中，time 值以秒或毫秒计算，默认值是 0。

③animation - timing - function 属性：用于定义动画的速度曲线，与 transition - timing - function 属性相同。其语法格式如下：

```
选择器{animation - timing - function:linear | ease | ease - in | ease - out | ease - in -
out | cubic - bezier(n,n,n,n);}
```

④animation - delay 属性：用于定义执行动画效果之前延迟的时间，即规定动画从什么

时候开始。其语法格式如下：

> 选择器{animation-delay:time;}

上述语法格式中，time 值以秒或毫秒计算，默认值是 0。

⑤animation-iteration-count 属性：用于定义动画的播放次数。其语法格式如下：

> 选择器{animation-iteration-count:n|infinite;}

上述语法格式中，n 定义动画播放次数，默认值是 1；infinite 规定动画无限次播放。

⑥animation-direction 属性：用于定义动画是否在下一周期逆向播放。其语法格式如下：

> 选择器{animation-direction:normal|alternate;}

上述语法格式中，normal 为默认值，表示动画正常播放；alternate 表示动画应该轮流反向播放。

⑦animation-play-state 属性：用于定义对象动画是否正在运行或暂停。其语法格式如下：

> 选择器{animation-play-state:paused|running;}

上述语法格式中，paused 规定动画已暂停；running 为默认值，规定动画正在播放。

⑧animation-fill-mode 属性：用于定义对象动画时间之外的状态。其语法格式如下：

> 选择器{animation-fill-mode:none|forwards|backwards|both;}

上述语法格式中，none 规定不改变默认行为；forwards 规定当动画完成后，保持最后一个属性值（在最后一个关键帧中定义）；backwards 规定在 animation-delay 所指定的一段时间内，在动画显示之前，应用开始属性值（在第一个关键帧中定义）；both 规定向前和向后填充模式都被应用。

注意，使用 animation 属性或 animation 子属性对动画进行捆绑时，必须要规定两项动画属性：动画名称和动画时长。

任务实践 5-12　CSS3 动画属性的应用——移动的小车

任务描述：实现图像在页面上移动，最终效果如图 5-18 所示。

图 5-18　小车移动最终效果

任务分析：

①根据任务要求，在页面主体 <body> 中嵌入一对 <img> 标签。

②定义关键帧、绑定动画。

任务实施：

```
1  <!DOCTYPE html>
2  <html>
3   <head>
4       <meta charset = "UTF-8">
5       <title>CSS3 动画属性的应用</title>
6       <style type = "text/css">
7       @keyframes mymove{
8           0%{left: 30px; top: 0px;}
9           25%{left: 600px; top: 0px;}
10          50%{left: 600px; top: 330px;}
11          75%{left: 30px; top: 330px;}
12          100%{left: 30px; top: 0px;}}
13      @-webkit-keyframes mymove{
14          0%{left: 30px; top: 0px;}
15          25%{left: 600px; top: 0px;}
16          50%{left: 600px; top: 330px;}
17          75%{left: 30px; top: 330px;}
18          100%{left: 30px; top: 0px;}}
19          img{
20              position: relative;
21              animation:mymove 5s infinite;}
22      </style>
23   </head>
24   <body>
25       <img src = "img/qc.png" />
26   </body>
27  </html>
```

任务实践 5-13　CSS3 动画属性的应用——旋转的风车

任务描述：实现图像在页面上旋转，最终效果如图 5-19 所示。

图 5-19　风车旋转最终效果

任务分析：

①根据任务要求，在页面主体 < body > 中嵌入一对 < div > 标签，在 < div > 标签中嵌套 < img > 标签。

②定义关键帧、绑定动画。

任务实施：

```
1  <!DOCTYPE html >
2  <html >
3      <head >
4          <meta charset = "UTF - 8" >
5          <title > 旋转的风车 </title >
6          <style type = "text/css" >
7              div{
8                  width: 370px;
9                  margin: 100px auto;
10                 animation: rotate 5s linear infinite;
11             }
12             @keyframes rotate{
13                 0%{
14                     transform: rotateZ(0deg);
15                 }
16                 100%{
17                     transform: rotateZ(360deg);
18                 }
19             }
20         </style >
21     </head >
22     <body >
23         <div >
24             <img src = "img/fc.jpg" >
25         </div >
26     </body >
27 </html >
```

任务实践 5 – 14   CSS3 动画属性的应用——摇晃的葡萄

任务描述：实现图像在页面上摇晃，最终效果如图 5 – 20 所示。

任务分析：

①根据任务要求，在页面主体 < body > 中嵌入一对 < div > 标签。

②定义关键帧、绑定动画。

任务实施：

图 5 - 20　摇晃的葡萄最终效果

```
1  < ! DOCTYPE html >
2  < html >
3      < head >
4          < meta charset = "UTF - 8" >
5          < title > 摇晃的葡萄 < /title >
6          < style type = "text/css" >
7              div {
8                  width: 97px;
9                  height: 54px;
10                 background - image: url(img/1 - 2.png);
11                 animation - iteration - count: infinite;
12                 animation - name: shake;
13                 animation - timing - function: ease - in - out;
14             }
15             @ - webkit - keyframes shake{
16                 0%{
17                     transform: rotate(2deg);
18                 }
19                 20%{
20                     transform: rotate(10deg);
21                 }
22                 40%{
23                     transform: rotate(0deg);
24                 }
25                 60%{
```

```
26                              transform: rotate( -2deg);
27                          }
28                      80%{
29                              transform: rotate( -10deg);
30                          }
31                      100%{
32                              transform: rotate(0deg);
33                          }
34                  }
35              div {
36                      width: 353px;
37                      height: 519px;
38                      margin: 100px auto;
39                      background - image: url(img/grape.png);
40                      animation:shake 2s ease - in - out infinite;
41                  }
42          < /style >
43      < /head >
44      < body >
45          < div > < /div >
46      < /body >
47  < /html >
```

项目分析

从页面效果可以看出，页面的主体结构"产品展示"由"地中海风格""现代简约风格""中式风格"三个版块组成。页面标注如图 5 - 21 ~ 图 5 - 25 所示，页面结构如图 5 - 26 和图 5 - 27 所示。

图 5 - 21 "地中海风格""中式风格"页面标注

图 5 – 22 "现代简约风格"页面标注

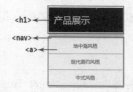

图 5 – 23 网页头部页面标注

图 5 – 24 "地中海风格""中式风格"
主体部分页面标注

图 5 – 25 "现代简约风格"主体部分页面标注

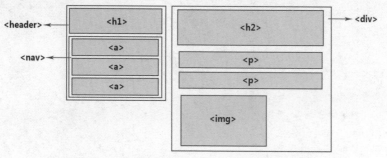

图 5 – 26 "地中海风格""中式风格"页面结构

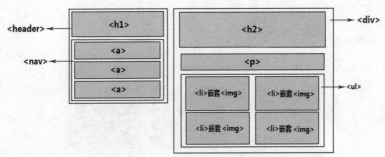

图 5 - 27 "现代简约风格"页面结构

该页面的实现细节具体分析如下:

①页面导航使用锚点链接。

②页面主体部分均使用绝对定位,初始状态页面主体部分显示"地中海风格",利用 transform:translate(-150% ,0);实现浏览器不显示"现代简约"和"中式风格"部分。(主体部分宽度 + 左边偏移量)/主体部分宽度 = 150%,即(600 px + 300 px)/600 px = 150%。

③单击导航项"现代简约",利用#xian:target{transform:translate(0,0);}实现页面显示"现代简约"主体部分。

④单击导航项"中式风格",利用#zhong::target{transform: translate(0,0);}实现页面显示"中式风格"主体部分。

⑤单击导航项"现代简约"或"中式风格",利用#zhong:target ~ .content,#xian:target ~ .content{transform:translate(-150% ,0);}实现页面不显示"地中海风格"主体部分。

项目实施

1. 链入外部 CSS 样式,定义全局 CSS 样式

(1)链入外部 CSS 样式

```
1 < link rel = "stylesheet" href = "style1.css" >
```

(2)定义全局 CSS 样式

```
1 * {
2    margin:0;
3    padding:0;
4    box - sizing: border - box;
5 }
6 body {
7    background: #b1e583;
8 }
9 ul li{
10    list - style: none;
11 }
12 a{text - decoration: none;}
```

2. 制作导航栏 html 结构，定义 CSS 样式

（1）制作导航栏 html 结构

```
1  <header>
2           <h1>产品展示</h1>
3           <nav>
4               <a href="#di">地中海风格</a>
5               <a href="#xian">现代简约风格</a>
6               <a href="#zhong">中式风格</a>
7           </nav>
8  </header>
```

（2）定义 CSS 样式

```
1  header{
2      width: 250px;
3  }
4  header h1{
5      font-size: 30px;
6      font-weight: 400;
7      text-transform: uppercase;
8      background-color: #000000;
9      color: rgba(255,255,255,0.9);
10     text-shadow: 0px 1px 1px rgba(0,0,0,0.3);
11     padding: 20px;
12  }
13  nav{
14     margin-top: 20px;
15     display:block;
16     list-style:none;
17  }
18  nav a{
19     color: #444;
20     display: block;
21     background: #fff;
22     background: rgba(255,255,255,0.9);
23     line-height: 50px;
24     padding: 0px 20px;
25     box-shadow: 1px 1px 2px rgba(0,0,0,0.2);
26     font-size: 16px;
27     margin-bottom: 2px;
```

```
28    text - align: center;
29 }
30 nav a:hover {
31    background: #ddd;
32 }
```

3. 制作"地中海风格""现代简约风格""中式风格"主体部分 html 结构，定义 CSS 样式

（1）制作"地中海风格""现代简约风格""中式风格"主体部分 html 结构

```
1 <div id = "xian" class = "panel">
2                        <h2>现代简约</h2>
3                        <p>现代简约,优雅高档,时尚现代</p>
4                        <ul>
5                              <li><img src = "img/jian1.jpg" height = "250">
6                                    </li>
7                              <li><img src = "img/jian2.jpg" height = "250">
8                                    </li>
9                              <li><img src = "img/jian3.jpg" height = "250">
10                                    </li>
11                              <li><img src = "img/jian4.jpg" height = "250">
12                                    </li>
13                        </ul>
14 </div>
15 <div id = "zhong" class = "panel">
16            <h2>中式风格</h2>
17            <p>低调奢华中式风格</p>
18            <p>以京城民宅的黑、白、灰色为基调,
19                以皇家住宅的红色作为局部色彩,同一种系列搭配在一起很好看。</p>
20            <img src = "img/zhong.jpg" height = "250">
21            </div>
22 </div>
23 <div id = "di" class = "content">
24            <h2>地中海风格</h2>
25            <p>浪漫柔情地中海风格,在家感受蓝天碧海般感觉</p>
26            <p>无处不在的浪漫主义气息和兼容并蓄的文化品位,以其
27                极具亲和力的田园风情被许多不同层次的人们所接受。
28                生性浪漫又崇尚辽阔自然的惬意生活的人们会情不自禁
29                地爱上地中海。</p>
30            <img src = "img/dizhonghai.jpg" height = "250">
31 </div>
```

（2）定义 CSS 样式

```
1 .content{
2    left: 300px;
3    top: 0px;
4    position: absolute;
5    width: 600px;
6 }
7 .content h2 ,.panel h2{
8    font - size: 110px;
9    padding: 10px 0px 20px 0px;
10   color: #fff;
11   color: rgba(255,255,255,0.9);
12   text - shadow: 0px 1px 1px rgba(0,0,0,0.3);
13 }
14 .content p ,.panel p{
15   font - size: 18px;
16   line - height: 24px;
17   color: #fff;
18   background: black;
19   padding: 10px;
20   margin: 3px 0px;
21   width:600px;
22 }
23 .panel{
24   width: 600px;
25   min - height: 1000px;
26   left: 300px;
27   top: 0px;
28   position: absolute;
29   background: #b1e583;
30   transform: translate( -150% , 0);
31   z - index: -1;
32 }
33 #zhong:target,#xian:target{
34    -webkit - transition: transform 0.6s ease - in - out;
35      -moz - transition: transform 0.6s ease - in - out;
36      - o - transition: transform 0.6s ease - in - out;
37      -ms - transition: transform 0.6s ease - in - out;
38      transition: transform 0.6s ease - in - out;
```

```
39        transform: translate(0,0);
40 }
41 #zhong:target ~ .content,#xian:target ~ .content{
42    transform: translate( -150% , 0);
43 }
44 ul{
45    padding: 15px 0px;
46     width: 600px;
47 }
48 ul li{
49     float: left;
50 }
51 ul li:nth -child(1),#works li:nth -child(3){
52    margin -right: 5px;
53 }
54 ul img,.content img{
55    box -shadow: 1px 1px 2px rgba(0,0,0,0.3);
56    padding: 12px;
57    background: rgba(255,255,255,0.9);
58 }
```

项目实训

实训目的

练习 CSS3 的变形属性。

实训内容

利用 CSS3 的变形属性制作一个卡通熊猫，效果如图 5 – 28 所示。

图 5 – 28　卡通熊猫效果图

项目小结

通过本项目的学习，能够理解过渡属性，掌握 CSS3 中的变形属性，能够制作 2D 转换、3D 转换效果，并掌握 CSS3 中的动画属性，能够熟练制作网页中常见的动画效果。

本项目注意事项：

1. 如果父元素没有设置 transform – style：preserve – 3d；，则在子元素中设置 translateZ( ) 函数无效；

2. 二维平面和三维空间的 y 轴向下的方向为正方向。

3. 3D 旋转是坐标轴在旋转而非元素本身。

拓展阅读

在 CSS 的二维世界里，可以对元素设置位置、旋转等；在 CSS 的三维世界里，扩展出了一个 z 轴，这个 z 轴垂直于屏幕并指向外面，如图 5 – 29 所示。

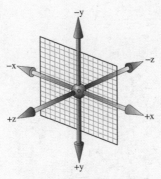

图 5 – 29　三维坐标系

基于这个三维坐标系，在二维基础上扩展一下我们的想象：如果一个元素可以绕着 x、y、z 这 3 个坐标轴进行平移、旋转，那么会出现什么效果呢？在三维世界里，这个元素就变成立体的了。

关于 CSS 3D 的研究，其实早在 2013 年就开始了。无奈受限于当时的浏览器兼容性及硬件性能等，对 3D 的一些探索也只是停留在"样稿"阶段。

CSS 3D 的应用是我们一直在思考的，虽然近几年来浏览器和硬件性能有了很大提升，但基于 CSS 3D 进行复杂应用还是比较受限。目前基于 CSS 3D 更多的是进行一些美感和效果展现，以及一些轻量级的应用。

项目 6

制作信息注册页面

项目目标

能力目标：

能够快速创建表单。

能够准确定义不同的表单控件。

能够美化表单界面

知识目标：

了解表单的功能。

掌握 HTML5 表单标签及属性。

掌握 HTML5 表单验证方法。

掌握表单样式的控制方法。

素质目标：

培养学生严谨求实的科学态度，具备良好的社会责任感和职业道德。

项目背景

注册、登录页面是 Web 应用中最基础的一环，注册、登录的意义就在于给每个用户自己的个人中心，包括数据的同步，或是用户注册后会通过用户已完善的资料进行相关的内容推荐。用户打开网站后第一步就是注册页面。注册作为一项基础功能，一般是用户初次使用时应用，属于相对低频次的操作，一般会关联到产品内的个人资料和设置模块。大部分的 Web 应用都是需要注册、登录的。

本项目使用 form 表单元素及属性制作一个信息注册页面。项目制作过程中，也将回顾 HTML5 的基本元素及 CSS3 的相关知识，项目效果如图 6-1 所示。

德育内容：

1. 融入德育元素，培养学生树立正确的世界观。

2. 融入德育元素"信息注册"，培养学生信息安全意识，引导学生有效地保护个人数据隐私。

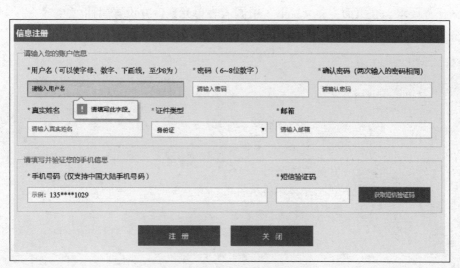

图 6 - 1 信息注册页面

项目知识

任务6.1 表单概述

网站使用 HTML 表单（form）与用户进行交互，HTML 提供了许多可以一起使用的元素，这些元素用来创建一个用户可以填写并提交到网站或应用程序的表单。在动态网页技术中，表单的作用是十分重要的，用户与服务器的交互就是通过表单来完成的。原则上所有的表单标签都要放置在 < form > 标签中。

HTML 表单是由一个或多个小部件组成的。这些小部件可以是文本字段（单行或多行）、选择框、按钮、复选框或单选按钮。HTML 表单和常规 HTML 文档的主要区别在于，在大多数情况下，表单收集的数据被发送到 Web 服务器。在这种情况下，需要设置一个 Web 服务器来接收和处理数据。通过表单把用户输入的数据传送到服务器端，这样服务器端程序就可以处理表单传送过来的数据。下面通过任务实践 6 - 1 对表单进行讲解。

任务实践6-1 表单标签

任务描述：实现如图 6 - 2 所示的表单效果。

图 6 - 2 任务实践 6 - 1 运行效果

任务分析：

根据任务要求，在页面主体 < body > 中嵌入表单元素，并设置属性。

任务实施：

```
1  <!DOCTYPE html >
2  < html >
3      < head >
4              < meta charset = "UTF - 8" >
5              < title >第一个 HTML 表单示例 </title >
6              < style type = "text/css" >
7                  div.form - example {
8                  margin - bottom: 10px;
9                  }
10             < /style >
11     < /head >
12      < body >
13             < form action = " send.php " method = "get" >
14                 < div class = "form - example" >
15                         < label for = "name" >用户昵称: </label >
16                         < input type = "text" name = "nickname" id = "nickname" required >
17                 < /div >
18                 < div class = "form - example" >
19                         < label for = "email" >邮箱地址: </label >
20                         < input type = "email" name = "mail" id = "mail" required >
21                 < /div >
22                 < div class = "form - example" >
23                         < input type = "submit" value = "发送信息" >
24                 < /div >
25             < /form >
26     < /body >
27  < /html >
```

上述代码中，< form >标签表示 HTML 文档中的一个区域，此区域包含交互控制元件，用来向 Web 服务器提交信息。基本的表单格式如下。

```
< form action = "服务器文件" method = "传送方式" >
< /form >
```

所有的 HTML 表单都由一个 < form >标签开始，< form >标签是成对出现的，由 < form >标签开始，以 </form >标签结束。这个标签正式定义了一个表单。就像 < div >标签或 < p >

标签，它是一个容器标签，但它也支持使用一些特定的属性来配置表单的行为方式。它的所有属性都是可选的，但在实践中至少要设置 action 属性和 method 属性。

其中，action 属性表示输入的数据被传送到的地方，也就是在提交表单时，应该把所收集的数据送给谁处理，例如，任务实践 6 - 1 中的 PHP 页面（send. php）。属性 method 表示数据传送的方式，也就是发送数据的 HTTP 方法（它可以是"get"或"post"）。一般来说，所有表单控件（输入框、文本域、按钮、单选按钮、复选框等）都必须放在 < form > 和 </form > 标签之间。任务实践 6 - 1 的运行效果如图 6 - 2 所示。

任务6.2　表单元素及属性

常见的表单元素包括 label、input 和 button 等，具体描述见表 6 - 1。

表 6 - 1　常见表单元素描述

元素	描述
label	label 元素表示用户界面中某个元素的说明
input	input 元素用于为基于 Web 的表单创建交互式控件，以便接收来自用户的数据
button	button 元素表示一个可单击的按钮，可以用在表单或文档其他需要使用简单标准按钮的地方
fieldset	fieldset 元素可将表单内的相关元素分组
legend	legend 元素用于表示它的父元素 fieldset 的内容的标题
textarea	textarea 元素表示一个多行纯文本编辑控件
select	select 元素表示一个控件，提供一个选项列表
option	option 用于定义在 select 或 datalist 元素中包含的项

6.2.1　输入框和按钮

当用户需要在表单中输入字母、数字等内容时，就会用到 < input > 标签，< input > 标签一般用于搜集用户信息。根据不同的 type 属性值，输入框拥有多种类型，可以是文本输入框、密码、单选按钮、复选框、按钮等。其语法格式如下：

```
< form >
   < input type = "输入框类型" name = "名称" value = "文本" />
< /form >
```

其中，type 属性代表输入框的类型，当 type = "text"时，输入框为文本输入框；当 type = "password"时，输入框为密码输入框。name 属性为此输入框命名，以便后台程序使用。value 属性表示输入框的默认值。下面通过任务实践 6 - 2 对输入框和按钮进行讲解。

任务实践6-2　输入框和按钮

任务描述：实现如图6-3所示用户登录页面效果。

图6-3　任务实践6-2运行效果

任务分析：

根据任务要求，在页面主体<body>中嵌入表单元素，并设置属性。

任务实施：

```
1   <!DOCTYPE html>
2   <html>
3     <head>
4       <meta charset = "UTF-8">
5       <title>常见表单元素</title>
6       <style type = "text/css">
7               form {
8                   /* 居中表单 */
9                   margin: 0 auto;
10                  width: 400px;
11                  /* 显示表单的轮廓 */
12                  padding: 1em;
13                  border: 1px solid #CCC;
14                  border-radius: 1em;
15              }
16              form h2 {
17                  color: #C0C4CC;
18              }
19              form div + div {
20                  margin-top: 5px;
21              }
22              form div {
```

```
23                      font - size: 16px;
24                      padding: 5px;
25                   }
26                 #login_name,
27                 #login_pwd {
28                      width: 240px;
29                      padding: 5px;
30                   }
31                 label {
32                      display: inline - block;
33                      width: 90px;
34                      text - align: right;
35                   }
36                 .btn_submit {
37                      padding - left: 100px;
38                   }
39       </style>
40    </head>
41    <body>
42       <form action = "#" method = "post">
43                 <h2>用户登录</h2>
44                 <div class = "form - example">
45                    <div class = "login_name">
46                       <label for = "login_name">用户名:</label>
47                       <input type = "text" name = "login_name" id = "login_name"
48                          placeholder = "请输入用户名" />
49                    </div>
50                    <div class = "login_pwd">
51                       <label for = "login_pwd">密码:</label>
52                       <input type = "password" name = "login_pwd" id = "login_pwd"
53                          placeholder = "请输入密码" />
54                    </div>
55                    <div class = "btn_submit">
56                       <input type = "submit" name = "btn_login" value = "登录"/>
57                    </div>
58                 </div>
69       </form>
60    </body>
61 </html>
```

上述代码中使用 < div > 标签可以更加方便地构造代码，并且更容易样式化。

在任务实践 6 – 2 中，用到了 < label > 标签、文本输入框、密码输入框及提交按钮。下面详细讲解这几个控件的用法。

< label > 标签用来表示用户界面中某个元素的说明。< label > 标签不会向用户呈现任何特殊效果，它的作用是为用户改进可用性。如果用户在 < label > 标签内单击文本，就会触发此控件。就是说，当用户单击该 < label > 标签时，浏览器就会自动将焦点转到和该标签相关的表单控件上（自动选中和该 < label > 标签相关联的表单控件）。它的使用方式如下：

```
< label for = "login_name" >用户名:</ label >
< input type = "text" name = "login_name" id = "login_name" placeholder = "请输入用户名" />
```

将一个 < label > 标签和一个 < input > 标签放在一起会有一些好处：用户除了可以单击 < input > 标签获得焦点外，还可以单击关联的 < label > 标签来激活控件。在任务实践 6 – 2 中，单击文字"用户名"也可以让 < input > 标签获得焦点，这种方式为激活 < input > 标签提供了方便，包括那些具有触摸屏功能的设备。如果想要将一个 < label > 标签和一个 < input > 标签匹配在一起，需要给 < input > 标签一个 id 属性，而 < label > 需要一个 for 属性，其值和 < input > 标签的 id 一样。另外，也可以将 < input > 标签直接放在 < label > 标签里，这种情况就不需要 for 属性和 id 属性了，因为这时关联是隐含的。

```
< label >用户名:
    < input type = "text" name = "login_name" placeholder = "请输入用户名" />
</ label >
```

在 < input > 标签中，最重要的属性是 type 属性，因为它定义了 < input > 标签的行为方式。它可以从根本上改变标签。在任务实践 6 – 2 中，使用值 text（默认值）作为第一个输入，它表示一个基本的单行文本字段，接受任何类型的文本输入。通过将 type 属性的值设置为 password 来设置第二个输入，该类型不会为输入的文本添加任何特殊的约束，但是它会模糊输入字段中的值（例如，点或小星星），这样它就不能被其他人读取，效果如图 6 – 4 所示。

图 6 – 4   type 属性的属性值为 password 的输入效果

在表单中有两种按钮可以使用，分别为提交按钮和重置按钮。当用户需要提交表单信息到服务器时，需要用到提交按钮。用户可以使用相应类型的 < input > 标签来生成一个按钮，在 < input > 标签中，type 属性定义为 submit 的按钮会发送表单的数据到 < form > 标签的 action 属性所定义的网页。只有当 type 属性的值设置为 submit 时，按钮才有提交作用。submit 的使用方法如下：

```
< input type = "submit" name = "" value = " " />
```

当用户需要重置表单信息到初始状态时，比如用户输入"用户名"后，发现书写有误，可以使用重置按钮使输入框恢复到初始状态。只需要把 type 属性的值设置为 reset 即可。单击 type 属性定义为 reset 的按钮，则将所有表单控件重新设置为它们的默认值。只有当 type 属性的值设置为 reset 时，按钮才有重置作用。value 的值表示按钮上显示的文字。reset 的使用方法如下：

```
< input type = "reset" name = "" value = " " />
```

在 < input > 标签中，还可以将 type 属性的值设置为 button 来创建按钮，这其实是 < input > 标签的特殊版本，用来创建一个没有默认值的可单击按钮。单击 type 属性定义为 button 的按钮，会发现没有任何反应，可以使用 JavaScript 来自定义按钮的动作。button 的使用方法如下：

```
< input type = "button" name = "" value = " " >
```

这种方式在 HTML5 中被 < button > 标签取代。< button > 标签也表示一个可单击的按钮，可以用在表单或文档其他需要使用简单标准按钮的地方。对于 < button > 标签来说，它也接受一个 type 属性，它接受 submit、reset 或者 button 三个值中的任意一个。< button > 标签与 < input > 标签的区别是，< input > 标签只允许纯文本作为其标签，而 < button > 标签允许更复杂、更有创意的完整的 HTML 内容作为其标签。它的使用方法如下：

```
< button name = " " >按钮 < /button >
```

6.2.2　单选按钮、复选框、下拉列表框

在使用表单设计用户信息时，为了减少用户的操作，需要使用选择框。HTML 中有两种选择框，即单选按钮和复选框，两者的区别是单选按钮中用户只能选择一项，而复选框中用户可以任意选择多项，甚至全选。选择框也属于 < input > 标签的一种，使用方法如下：

```
< input type = "radio/checkbox" value = " " name = " " checked = "checked" />
```

其中，type = "radio" 表示此控件是一个单选按钮。一般使用 value 属性定义此控件被提交时的值。使用 checked 表示控件是否默认被选择。在同一个单选按钮组中，所有单选按钮的 name 属性使用同一个值；一个单选按钮组中同一时间只有一个单选按钮可以被选择。当 type = "checkbox" 时，表示复选框和单选按钮一样，value 属性定义此控件提交到服务器的值；当设置 checked = "checked" 时，该选项被默认选中。

下拉列表框在网页中也经常会用到，它可以有效地节省网页空间。既可以单选，又可以多选。它使用 < select > 标签，使用方法如下。

```
< select name = " " id = " " >
    < option value = "提交值" >选项 < /option >
< /select >
```

其中，value 的值是向服务器提交的值，而 < option > < /option > 标签之间的选项值是在页面上显示的值。设置 selected = "selected"，则该选项被默认选中。下面通过任务实践 6 - 3 对单选按钮、复选框、下拉列表框进行讲解。

任务实践 6 - 3　单选按钮、复选框、下拉列表框

任务描述：实现如图 6 - 5 所示页面效果。

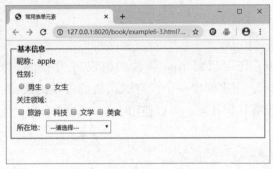

图 6 - 5　任务实践 6 - 3 运行效果

任务分析：

根据任务要求，在页面主体 < body > 中嵌入表单元素，并设置属性。

任务实施：

```
1  < ! DOCTYPE html >
2    < html >
3      < head >
4          < meta charset = "UTF - 8 " >
5          < title >常用表单元素 < /title >
6          < style type = "text/css" >
7              form {
8                  margin: 0 auto;
9                  max - width: 600px;
10             }
11             form div + div {
12                 margin - top: .5em;
13             }
14             form legend {
15                 font - size: 16px;
16                 font - weight: bold;
```

```
17                         }
18                      #addr {
19                          width: 150px;
20                          padding: 5px;
21                      }
22              </style>
23      </head>
24        <body>
25              <form action = "#" method = "post">
26                      <fieldset>
27                          <legend>基本信息</legend>
28                          <div>昵称:<span>apple</span></div>
29                          <div>性别:</div>
30                          <div>
31                              <input type = "radio" name = "gender" id = "male"
32  value = "1" />
33                              <label for = "male">男生</label>
34                              <input type = "radio" name = "gender" id = "female"
35  value = "0" />
36                              <label for = "female">女生</label>
37                          </div>
38                          <div>关注领域:</div>
39                          <div>
40                              <input type = "checkbox" name = "tag" id = "tg_0"
41  value = "travel" />
42                              <label for = "tg_0">旅游</label>
43                              <input type = "checkbox" name = "tag" id = "tg_1"
44  value = "tech" />
45                              <label for = "tg_1">科技</label>
46                              <input type = "checkbox" name = "tag" id = "tg_2"
47  value = "literature" />
48                              <label for = "tg_2">文学</label>
49                              <input type = "checkbox" name = "tag" id = "tg_3"
50  value = "food" />
51                              <label for = "tg_3">美食</label>
52                          </div>
53                          <div>
54                              <label for = "addr">所在地:</label>
55                              <select name = "addr" id = "addr">
56                                  <option value = "0" selected>---请选择---
57  </option>
58                                  <option value = "1">北京</option>
```

```
59                              < option value = "2" >上海 </option >
60                              < option value = "3" >广州 </option >
61                              < option value = "4" >深圳 </option >
62                          </select >
63                      </div >
64                  </fieldset >
65          </form >
66  </body >
67 </html >
```

本任务实践中用到了单选按钮、复选框和下拉列表框。在使用单选按钮时，需要注意同一组的单选按钮 name 取值需要一致，比如，本任务实践中设置为同一个名称"gender"，这样同一组的单选按钮才可以起到单选的作用。

下拉列表框 < select > 标签也可以进行多选操作，在 < select > 标签中设置 multiple = "multiple" 属性，就可以实现多选功能，在 Windows 下，按住 Ctrl 键的同时单击（在 macOS 下按住 Command 键的同时单击），可以选择多个选项。在任务实践 6 – 3 中的第 63 行之后添加如下代码：

```
1 <div >
2    < label for = "pet" >喜欢的宠物: </label >
3    < select name = "pets" id = "pets" multiple = "multiple" >
4        < option value = "1" >猫咪 </option >
5        < option value = "2" >丁丁狗 </option >
6        < option value = "3" >金鱼 </option >
7        < option value = "4" >小兔子 </option >
8    </select >
9 </div >
```

给 < select > 标签设置 multiple 属性之后，就可以选择多个喜欢的宠物，效果如图 6 – 6 所示。

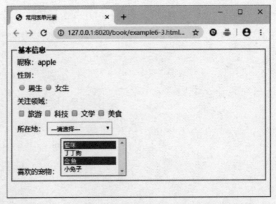

图 6 – 6   < select > 标签设置 multiple 属性效果

在任务实践6-3中还用到了<fieldset>和<legend>标签，<fieldset>标签可将表单内的相关元素分组。它可以将表单内容的一部分打包，生成一组相关表单的字段。当一组表单元素放到<fieldset>标签内时，浏览器会以特殊方式来显示它们，它们可能有特殊的边界、3D效果，甚至可创建一个子表单来处理这些元素。<legend>标签为<fieldset>标签定义标题，使用方式如下。

```
<fieldset>
        <legend>标题</legend>
        <!--其他表单控件-->
</fieldset>
```

6.2.3 文本域和文件输入控件

当用户需要在表单中输入大段文字时，需要用到文本域。<textarea>标签表示一个多行纯文本编辑控件，它的用法如下：

```
<textarea name = " " rows = "行数" cols = "列数">文本</textarea>
```

<textarea>标签是成对出现的，由<textarea>标签开始，以</textarea>标签结束。cols表示多行文本域的列数，rows表示多行文本域的行数，在<textarea></textarea>标签之间可以输入默认值。<textarea>标签与<input>标签是有区别的，<input>标签是一个空元素，这意味着它不需要关闭标签。相反地，<textarea>不是一个空元素，因此必须使用适当的结束标签来关闭它。要定义<input>标签的默认值，必须使用value属性，如下所示：

```
<input type = "text" value = "默认值" />
```

如果想定义<textarea>的默认值，只需在textarea元素的开始标签和结束标签之间放置默认值即可，如下所示：

```
<textarea>默认值</textarea>
```

在<input>标签中设置type属性值为file，使得用户可以选择一个或多个元素以提交表单的方式上传到服务器上，或者通过JavaScript的File API对文件进行操作，使用方式如下：

```
<input type = "file" id = " " name = " " >
```

如果不希望用户上传任何类型的文件，可以使用input的accept属性，accept属性接受一个以逗号分隔的MIME类型字符串，如：accept = " image/png, image/jpeg"或accept = ". png, . jpg, . jpeg"表示可以接受JPEG/PNG文件，而accept = " image/ * "表示可以接受任何图片类型。下面通过任务实践6-4对文本域和文件输入控件进行讲解。

任务实践6-4 文本域和文件输入控件

任务描述：实现如图6-7所示页面效果。

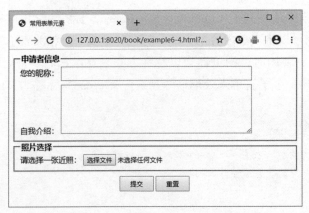

图 6 − 7　任务实践 6 − 4 运行效果

任务分析：根据任务要求，在页面主体 < body > 中嵌入表单元素，并设置属性。

任务实施：

```
1  <! DOCTYPE html >
2  < html >
3   < head >
4     < meta charset = "UTF − 8" >
5     < title > 常用表单元素 < /title >
6     < style type = "text/css" >
7                   form {
8                       margin: 0 auto;
9                       max − width: 600px;
10                  }
11                  form div + div {
12                      margin − top: .5em;
13                  }
14                  form legend {
15                      font − size: 16px;
16                      font − weight: bold;
17                  }
18                  #nickname {
19                      box − sizing: border − box;
20                      width: 400px;
21                      padding: 5px;
22                  }
23                  #intro {
24                      box − sizing: border − box;
25                      width: 400px;
26                      height: 100px;
27                  }
28                  .btn {
29                      margin − top: 10px;
```

```
30                        text - align: center;
31                    }
32                .btn input {
33                    padding: 5px 20px;
34                }
35      </style>
36   </head>
37   <body>
38          <form action = "#" method = "post">
39              <fieldset>
40                  <legend>申请者信息</legend>
41                  <div>
42                      <label for = "name">您的昵称: </label>
43                      <input type = "text" name = "nickname" id =
44   "nickname">
45                  </div>
46                  <div>
47                      <label for = "intro">自我介绍: </label>
48                      <textarea name = "intro" rows = "4" cols = "30" id =
49   "intro"></textarea>
50                  </div>
51              </fieldset>
52              <fieldset>
53                  <legend>照片选择</legend>
54                  <label>请选择一张近照:
55                      <input type = "file" name = "avatar" id = "avatar" value = ""
56                          accept = "image/png, image/jpeg" />
57                  </label>
58              </fieldset>
59              <div class = "btn">
60                  <input type = "submit" value = "提交" />
61                  <input type = "reset" value = "重置" />
62              </div>
63          </form>
64   </body>
65   </html>
```

　　本任务实践中用到了文本域和文件输入控件。其中，<textarea>标签可以通过cols属性和rows属性来规定尺寸，不过更好的办法是使用CSS的height属性和width属性，使表单的样式更美观。在本任务实践中，通过accept = "image/png, image/jpeg"指定了接收的文件是 PNG/JPEG 文件类型。在单击"选择文件"按钮之后，弹出"打开文件"对话框，会显示满足条件的文件，而其他文件则会自动隐藏。

6.2.4 HTML5 新增表单元素

datalist 是 HTML5 新增的元素，主要用于自动匹配表单可能的输入。它包含了一组 option 元素，这些元素表示其他表单控件的可选值。datalist 元素将用户可能输入的值放在 option 列表里，然后使用 list 属性将数据列表绑定到一个文本域（通常是一个 input 元素），当用户在对应的表单中输入的时候，可以根据输入的关键字自动匹配 option 列表中的内容，也可以输入 option 中不存在的值。它的用法如下：

```
< input type = "text" name = "myColor" id = "myColor" list = "mySuggestion" >
< datalist id = "mySuggestion" >
        < option value = "自动匹配的内容" >
</datalist >
```

如果想要将 input 和 datalist 元素匹配在一起，则需要给 datalist 元素一个 id 属性；input 需要一个 list 属性，其值和 datalist 的 id 一样。下面通过任务实践 6 – 5 对自动匹配进行讲解。

任务实践 6 – 5 < datalist > 元素和 < input > 元素的应用

任务描述：利用 < datalist > 元素和 < input > 元素实现自动匹配功能。页面效果如图 6 – 8 所示。

图 6 – 8 任务实践 6 – 5 运行效果

任务分析：

①根据任务要求，在页面主体 < body > 中嵌入 < form > 标签，其中嵌套一对 < label > 标签、一对 < datalist > 标签、两对 < input > 标签。

②定义 < datalist > 标签的 id 属性。定义 < input > 标签的 list 属性，其值和 < datalist > 标签的 id 一样。

任务实施：

```
1  <!DOCTYPE html >
2  <html >
3    <head >
4          <meta charset = "UTF - 8" >
5          <title > </title >
6          <style type = "text/css" >
7              form {
8                  margin: 20px auto;
9                  max - width: 600px;
10             }
11             #pet - choice{
12                 width:300px;
13                 padding: 2px;
14             }
15             input[type = "submit"]{
16                 padding: 2px 10px;
17                 margin - left: 5px;
18             }
19         </style >
20   </head >
21   <body >
22         <form action = "#" method = "post" >
23             <label for = "pet - choice" >我最喜爱的宠物: </label >
24             <input list = "pets" id = "pet - choice" name = "pet - choice" />
25             <datalist id = "pets" >
26                 <option value = "猫咪" >
27                 <option value = "丁丁狗" >
28                 <option value = "金鱼" >
29                 <option value = "小兔子" >
30                 <option value = "小鸟" >
31             </datalist >
32             <input type = "submit" value = "确认" />
33         </form >
34   </body >
35 </html >
```

HTML5 还拥有多个新的表单输入类型。这些新类型提供了更好的输入控制和验证。<input >标签是所有 HTML 标签中最强大的，也是最复杂的，这主要是它的大量 type 属性和 attribute 属性的相互组合造成的。表 6 - 2 列出了 <input >标签常用的 type 属性的值及描述。

表 6 – 2　 < input > 标签常用 type 属性的属性值及描述

属性值	描述
password	一个值被遮盖的单行文本字段。使用 maxlength 指定可以输入的值的最大长度
submit	用于提交表单的按钮
reset	用于将表单所有内容设置为默认值的按钮
button	无默认行为按钮
radio	单选按钮，使用 value 属性定义此控件被提交时的值。使用 checked 属性定义控件是否默认被选择
checkbox	复选框，使用 value 属性定义此控件被提交时的值。使用 checked 属性定义控件是否默认被选择
file	此控件可以让用户选择文件。使用 accept 属性定义控件可以选择的文件类型
email	HTML5 新增的用于编辑邮箱的控件
number	HTML5 新增的用于输入浮点数的控件
tel	HTML5 新增的用于输入电话号码的控件，可以使用 pattern 属性和 maxlength 属性来约束控件输入的值
url	HTML5 新增的用于编辑 URL 的控件
search	HTML5 新增的用于输入搜索字符串的单行文本控件
range	HTML5 新增的用于输入不精确值的控件
color	HTML5 新增的用于指定颜色的控件
date pickers	HTML5 新增的可供选取日期和时间的控件

任务 6.3　表单验证

　　当用户访问一个带注册表单的网站时，如果提交的输入信息不符合预期格式，则注册页面会有一个反馈信息，比如，"该字段是必填的"（意思是该字段不能为空）、"请填写正确的手机号码""请输入一个合法的邮箱地址""密码长度应该是 6 ~ 20 位的，且至少包含一个大写字母及一个数字"等，就是表单验证。

　　表单验证可以通过多种不同的方式实现。在实践中，一般都会使用客户端验证与服务器端验证相结合的方式，以保证数据的正确性与安全性。本书侧重于讲解客户端验证。客户端验证发生在浏览器端，指的是表单数据被提交到服务器之前的验证，这种方式能实时反馈用户的输入验证结果。这种类型的验证可以有两种方式：第一种是 JavaScript 校验，这是一种可以完全自定义的实现方式；第二种是 HTML5 内置校验，这种方式不需要使用 JavaScript，而且性能更好，但是不能像 JavaScript 那样可自定义。本节着重讲解使用 HTML5 内置校验的方式。

HTML5 新增的一个可以在不写 JavaScript 脚本代码的情况下对用户的输入进行数据验证的功能，这是通过表单元素的验证属性实现的。这些属性可以让用户定义一些规则，用于限定用户的输入，比如某个输入框是否必须输入，或者某个输入框的字符串的最小长度限制、最大长度限制，或者某个输入框必须输入一个数字、邮箱地址等，或者数据必须匹配的模式。如果表单中输入的数据都符合这些限定规则，那么表示这个表单验证通过，否则验证未通过。当一个元素验证通过时，该元素可以通过 CSS 伪类∶valid 进行特殊的样式化；当一个元素未验证通过时，该元素可以通过 CSS 伪类∶invalid 进行特殊的样式化。下面通过任务实践 6 - 6 对表单验证进行讲解。

任务实践 6 - 6　表单验证

任务描述：验证输入的邮箱地址是否正确，页面效果如图 6 - 9 和图 6 - 10 所示。

图 6 - 9　输入框为空时的校验效果

图 6 - 10　邮箱输入错误时的校验效果

任务分析：

①根据任务要求，在页面主体 < body > 中嵌入 < form > 标签，在 < form > 标签中嵌套 < label > 标签、< input > 标签和 < button > 标签。

②设置 < input > 标签的 type、required 属性。

任务实施：

```
1  <!DOCTYPE html>
2  <html>
3    <head>
4      <meta charset = "UTF-8">
5      <title></title>
6      <style type = "text/css">
7              form {
8                    margin: 30px auto;
9                    width: 480px;
10             }
11             input {
12                   width: 280px;
13                   padding: 5px;
14             }
15             input:invalid {
16                /* 校验未通过的样式 */
17                box-shadow: 0 0 1px 1px red;
18             }
19             input:focus:invalid {
20                outline: none;
21             }
22             input:valid {
23                /* 校验通过的样式 */
24                border: 2px solid green;
25             }
26             button {
27                   padding: 5px 10px;
28                   margin-left: 10px;
29             }
30     </style>
31   </head>
32   <body>
33           <form>
34             <label for = "email">邮箱:</label>
35             <input type = "email" id = "email" name = "email" required>
36             <button>确认</button>
37           </form>
38   </body>
39 </html>
```

在项目实践中，设置 < input > 标签的 type 属性的值为 email，并添加属性 required，required 属性会自动校验输入数据是否为空。如果未输入数据，则用户单击"确认"按钮时，会提示"请填写此字段。"的错误信息。此外，Chrome 浏览器会自动检测用户输入的邮箱格式是否正确。当用户输入的邮箱格式不正确时，可以通过伪元素:invalid 设置在校验不成功时 input 输入框的样式为红色，页面提示"邮箱格式不正确"的错误信息；当输入正确的邮箱格式时，可以通过伪元素:valid 设置 input 框样式为绿色，表单能正常提交。

项目分析

从页面效果可以看出，该信息注册页面由 header. titlebox（信息注册标题）、div. register_info（登记信息）两大部分构成，div. register_info（登记信息）部分又由 < form > 表单标签构成。页面标注如图 6 – 11 所示，页面结构如图 6 – 12 所示。

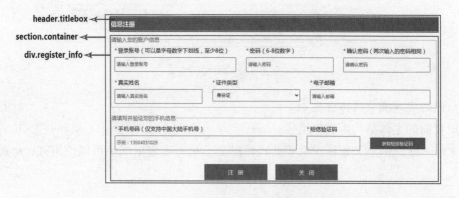

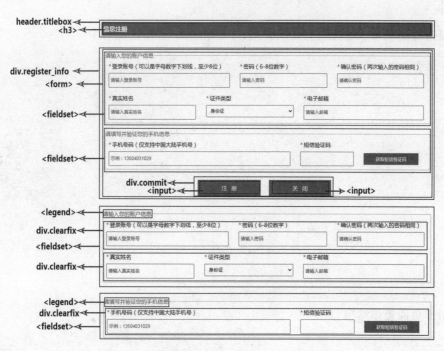

图 6 – 11　页面标注

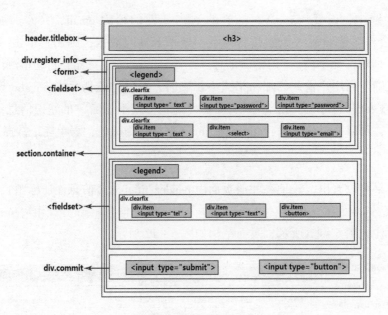

图 6 – 12　页面结构

该页面的实现细节具体分析如下：

注册页面的主体结构由表单组成。form 表单内有两个表单域 fieldset 和一个 div. commit，分别用来输入账户信息和验证手机验证码并提交。在每个表单域中可以使用 div 元素来布局每项。

项目实施

1. 根据页面效果，首先定义全局样式，. container 容器定宽居中

```
1 /* common style */
2  .container {
3      width: 980px;
4      margin – left: auto;
5      margin – right: auto;
6      margin – top: 20px;
7  }
8  * {
9      margin: 0px;
10     padding: 0px;
11     box – sizing: border – box;
12 }
```

2. 制作页面整体结构

```
1 <!DOCTYPE html >
2 <html >
```

```
3      <head >
4          <meta charset = "UTF - 8" />
5          <title >信息注册 </title >
6          <link rel = "stylesheet" type = "text/css" href = "css/style.css" />
7      </head >
8      <body >
9          <section class = "container" >
10          <header class = "titlebox" >
11              <h3 >信息注册 </h3 >
12          </header >
13              <div class = "register_info" >
14              <form action = "#" method = "post" >
15                  <fieldset >
16                      <legend >请输入您的账户信息 </legend >
17                          <div class = "clearfix" >
18                              <div class = "item item_m" >
19                                  <div class = "info_text_d " >
20                                      <span > * </span >用户名(可以是字母、
21 数字、下划线,至少 8 位)
22                                  </div >
23                                  <div class = "info_input_d " >
24                                      <input type = "text" name = "usrname"
25 id = "usrname" placeholder = "请输入用户名" required/>
26                                  </div >
27                              </div >
28                              <div class = "item item_s" >
29                                  <div class = "info_text_d" > <span > *
30 </span >
31 密码(6 ~8 位数字) </div >
32                                  <div class = "info_input_d" >
33                                      <input type = "password" name =
34 "psw" id = "psw" placeholder = "请输入密码" required/>
35                                  </div >
36                              </div >
37                              <div class = "item item_s" >
38                                  <div class = "info_text_d" >
39                                      <span > * </span >确认密码(两次输入的
40 密码相同)
41                                  </div >
42                                  <div class = "info_input_d" >
```

```
43                                              < input type = "password" name =
44 "repsw" id = "repsw" placeholder = "请确认密码" required/>
45                                              </div>
46                              </div>
47                      </div>
48                  < div class = "clearfix" >
49                      < div class = "item item_s" >
50                          < div class = "info_text_d" > < span > * </span>
51 真实姓名 </div>
52                              < div class = "info_input_d" >
53                                  < input type = "text" name = "realname"
54 id = "realname" placeholder = "请输入真实姓名" required/>
55                                  </div>
56                          </div>
57                          < div class = "item item_s" >
58                              < div class = "info_text_d" >
59 < span > * </span>证件类型 </div>
60                                  < div class = "info_input_d" >
61                                      < select name = "cardtype" >
62                                          < option value =
63 "1" selected >身份证 </option>
64                                          < option value =
65 "2" >中国人民解放军军官证 </option>
66                                          < option value =
67 "3" >普通护照 </option>
68                                          < option value =
69 "4" >港澳通行证 </option>
70                                      </select>
71                                  </div>
72                          </div>
73                          < div class = "item item_m" >
74                              < div class = "info_text_d" > < span > *
75 </span>邮箱 </div>
76                                  < div class = "info_input_d" >
77                                      < input type = "email" name =
78 "email" id = "email" placeholder = "请输入邮箱" required />
79                                  </div>
80                          </div>
81                      </div>
82              </fieldset>
```

```
83                      <fieldset>
84                           <legend>请填写并验证您的手机信息</legend>
85                           <div class="clearfix">
86                                <div class="item item_l">
87                                     <div class="info_text_d"><span>*
88 </span>手机号码(仅支持中国大陆手机号码)
89                                     </div>
90                                     <div class="info_input_d">
91                                          <input type="tel" name="tel" id=
92 "tel"placeholder="示例:135****1029" required/>
93                                     </div>
94                                </div>
95                                <div class="item item_xs">
96                                     <div class="info_text_d"><span>*
97 </span>短信验证码</div>
98                                     <div class="info_input_d">
99                                          <input type="text" name=
100 "num" id="num" required/></div>
101                                </div>
102                                <div class="item item_xs">
103                                     <div class="btn_d"><button>
104 获取短信验证码</button></div>
105                                </div>
106                           </div>
107                      </fieldset>
108                      <div class="commit">
109                           <input type="submit" value="注册"/>
110                           <input type="button" value="关闭"/>
111                      </div>
112                 </form>
113            </div>
114       </section>
115    </body>
116 </html>
```

3. 定义 header 元素样式

```
1  /*设置header元素的样式 */
2  header.titlebox {
3      height:40px;
4      background:#de5939;
```

```
5        border - top - left - radius: 3px;
6        border - top - right - radius: 3px;
7    }
8  header.titlebox h3 {
9        padding - left: 5px;
10       font - size: 18px;
11       font - weight: bold;
12       color: #fff;
13       line - height: 40px;
14 }
```

4. 定义 fieldset 元素样式和 legend 元素样式

```
1  .register_info {
2        padding: 15px 5px;
3  }
4  .register_info fieldset {
5        border: .5px solid #ccc;
6        margin - bottom: 20px;
7  }
8  .register_info fieldset legend {
9        color: #de5939;
10 }
```

5. 定义每个表单项样式

```
1    /* 设置每个表单项的样式 */
2  .clearfix::after {
3                display: block;
4                clear: both;
5                content: "";
6                visibility: hidden;
7                height: 0;
8            }
9 .clearfix{ *zoom: 1;}
10   .item {
11       float: left;
12   }
13   * + .item {
14       margin - left: 10px;
15   }
16   .item_s {
```

```
17          width: 280px;
18          padding: 10px;
19      }
20      .item_m {
21          width: 380px;
22          padding: 10px;
23      }
24      .item_xs {
25          width: 180px;
26          padding: 10px;
27      }
28      .item_l {
29          width: 560px;
30          padding: 10px;
31      }
32      .info_text_d {
33          margin-bottom: 10px;
34      }
35      .info_text_d span {
36          display: inline-block;
37          margin-right: 3px;
38          color: #de5939;
39      }
40      .info_input_d input {
41          display: block;
42          width: 100%;
43          line-height: 30px;
44          padding: 4px;
45      }
46      .info_input_d select {
47          width: 100%;
48          padding: 8px;
49          line-height: 30px;
50      }
51      .btn_d button {
52          width: 165px;
53          height: 34px;
54          color: #fff;
55          background: #DE5939;
56          border: none;
```

```
57          margin-top:35px;
58      }
```

6. 定义"提交"按钮和"关闭"按钮样式

```
1 .commit {
2      margin-top: 30px;
3      text-align: center;
4 }
5 .commit input {
6      display: inline-block;
7      width: 186px;
8      height: 46px;
9      background: #DE5939;
10     color: #fff;
11     text-align: center;
12     border: none;
13     font-size: 16px;
14     margin-right: 20px;
15 }
```

7. 定义表单校验样式

```
1  input:focus:invalid {         /* 设置 input 元素未校验成功的样式 */
2       background-color: #ffe7e7;
3  }
4  input:valid {        /* 设置 input 元素校验成功的样式 */
5       border: 1px solid green;
6  }
7  textarea:focus:invalid {      /* 设置 textarea 元素未校验成功的样式 */
8       background-color: #ffe7e7;
9  }
10  textarea:valid {       /* 设置 textarea 元素校验成功的样式 */
11      border: 1px solid green;
12 }
```

项目实训

实训目的

1. 掌握 input 元素的其他属性;

2. 复习 CSS 控制表单样式。

实训内容

　　一般的注册页面都是通过表单来统一收集用户信息的,以方便用户以后的登录使用,本项目实训将模仿百度的注册页面,使大家更熟练地掌握使用 CSS 控制表单样式的方法。页面效果如图 6 - 13 所示。

图 6 - 13   项目实训页面效果

项目小结

本项目用到了 HTML5 表单元素和表单验证，除此之外，还用到了 div 的布局，并应用了浮动和清除浮动等技术，建议大家在完成本项目后，尝试实现各表单的验证效果，并查看 HTML5 自带的表单验证是否满足需求，如果不能满足需求，建议使用正则表达式。通过本项目的学习，能够熟悉表单控件的类型和使用方法，并通过表单元素的校验属性来限定用户的输入，掌握使用 CSS 伪类 :valid 和 :invalid 进行特殊的样式化的方法，能够制作 HTML5 表单页面。

本项目注意事项：

表单中的控件有两个属性是非常重要的：name 属性和 value 属性，每个控件的这两个属性将构成 "name - value 对" 提交到 action 属性所定义的页面进行处理。

拓展阅读

post 方法与 get 方法的区别：

post 方法提交的表单，数据将以数据块的形式提交到服务器，表单数据不会出现在浏览器的 URL 中，所以用这种方式提交的表单数据是安全的。如果表单数据中包含类似于密码等数据，建议使用 post 方法。

get 方法是发送表单数据的默认方法，这种方法会以 "? name1 = value1&name2 = value2" 的形式将表单数据附加到浏览器中 URL 的后面，并提交到服务器处理。这种方法安全性不如 post 方法，因为表单数据会暴露在 URL 中，但是它的处理效率比 post 方法的高。如果表单中没有隐私数据，那么建议使用 get 方法，它的效率较高。

get 方法提交的数据量要求小于 1 024 字节，提交表单时，表单域数值（表单请求的信息包括账号、密码等）将在地址栏显示。

制作"视听频道"页面

项目目标

能力目标：

能够在 HTML5 页面中添加视频文件。

能够在 HTML5 页面中添加音频文件。

知识目标：

熟悉 HTML5 多媒体特性。

了解 HTML5 支持的视频和音频的格式。

掌握 < video > 标签和 < audio > 标签的使用方法。

掌握 HTML5 为 Video 和 Audio 对象提供的方法和事件。

掌握 HTML5 中音频的相关属性。

掌握 HTML5 中视频的相关属性。

掌握浏览器对视频文件和音频文件的支持情况。

素质目标：

培养学生良好的文化意识和信息素养、严谨求实的科学态度和刻苦钻研的精神，具备良好的社会责任感和职业道德。

培养学生树立科学的世界观，激发求职热情、探索精神。

项目背景

在 Web 前端开发中，多媒体技术主要是指在网页上运用音频、视频传递信息的一种方式。目前，网络传输速度越来越快，视频和音频技术被越来越广泛地应用在 Web 前端开发中，比起静态的图片和文字，视频和音频可以为用户提供更直观、更丰富的信息。

本项目主要运用 HTML5 多媒体技术制作视频播放页面，并巩固 HTML5 的结构元素、CSS3 选择器等相关知识。项目初始效果如图 7 - 1 所示，单击"视听播放列表"列表项时，页面效果如图 7 - 2 所示。

德育内容：

1. 融入德育元素，培养学生树立正确的世界观。

2. 融入德育元素，引导学生积极学习、正确面对困难的精神。

图 7-1　初始效果

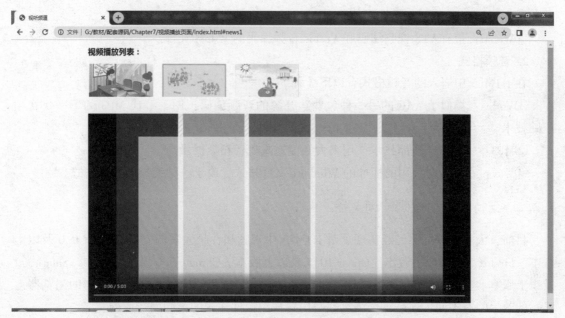

图 7-2　单击"视听播放列表"列表项时的页面效果

项目知识

任务 7.1　HTML5 多媒体的特性

　　在 HTML5 出现之前，并没有将视频和音频嵌入页面的标准方式，多媒体内容在大多数情况下是通过第三方插件或集成在 Web 浏览器的应用程序置于页面中的。例如，通过 Adobe 的 FlashPlayer 插件将视频和音频嵌入网页中。

　　通过这样的方式实现的音/视频功能，不仅需要借助第三方插件，而且实现代码复杂冗长，运用 HTML5 中新增加的＜video＞标签和＜audio＞标签可以避免这样的问题。在 HTML5 语法中，＜video＞标签用于为页面添加视频，＜audio＞标签用于为页面添加音频，这样用户就可以不用下载第三方插件而直接观看网页中的多媒体内容。

任务 7.2 多媒体的支持条件

虽然 HTML5 提供的音频和视频的嵌入方式简单，但是在实际操作中却要考虑音频和视频的格式、浏览器支持情况等多种因素。

7.2.1 多媒体的格式

1. 视频格式

在 HTML5 中嵌入的视频格式有以下 3 种。

①Ogg：带有 Theora 视频编码和 Vorbis 音频编码的 Ogg 文件。

②MPEG4：带有 H. 264 视频编码和 AAC 音频编码的 MPEG4 文件。

③WebM：带有 VP8 视频编码和 Vorbis 音频编码的 WebM 文件。

2. 音频格式

在 HTML5 中嵌入的音频格式有以下 3 种。

①Vorbis：类似于 AAC 的另一种免费、开源的音频编码，用于替代 MP3 的下一代音频压缩技术。

②MP3：一种音频压缩技术，用来大幅度地减少音频数据量。

③Wav：在录音时使用的标准的 Windows 文件格式，属于一种无损的音乐格式。

7.2.2 支持视频和音频的浏览器

目前，大多数浏览器已经实现了对 HTML5 中视频和音频元素的支持，如 IE 9.0 及以上版本、Firefox 3.5 及以上版本、Opear 10.5 及以上版本、Chrome 3.0 及以上版本、Safari 3.2 及以上版本。虽然各主流浏览器都支持 HTML5 中的视频和音频元素，但在不同的浏览器上显示的效果略有不同，这是每个浏览器对内置视频控件样式的不同而造成的。

任务 7.3 嵌入视频

在 HTML5 中，使用 < video > 标签来定义视频播放器，它不仅是一个播放视频的元素，其控制栏还实现了包括播放、暂停、进度、音量控制和全屏显示等功能，用户可以自定义这些功能的样式。其语法格式如下：

```
< video src = "视频文件路径" controls = "controls" > < /video >
```

上述语法格式中，src 属性用于设置视频文件的路径，controls 属性用于为视频提供播放控件，src 属性和 controls 属性是 < video > 标签的基本属性，除此之外，< video > 标签还有 autoplay 属性（页面载入完成后自动播放视频）、loop 属性（视频结束时重新开始播放）、preload 属性（如果使用该属性，则视频在页面加载时进行加载，并预备播放；如果使用 autoplay 属性，则忽略该属性）、poster 属性（当视频缓冲不足时，该属性值链接一个图像，并将该图像按照一定的比例显示出来)、width 属性(设置视频播放的宽度)、height 属性(设置视频播放的高度)。

另外,在 < video > 和 </video > 标签之间还可以插入文字,用于在浏览器不支持视频播放时显示。

任务实践 7 – 1 < video > 标签的应用

任务描述:在页面中插入视频,视频底部是浏览器添加的视频控件,用于控制视频播放的状态,并且视频文件自动播放、循环播放。页面效果如图 7 – 3 所示。

图 7 – 3 < video > 标签的应用页面效果

任务分析:

①根据任务要求,在页面主体 < body > 中嵌入 < video > 标签并设置 controls、autoplay、loop 属性。

②设置 video 标签选择器的 CSS 样式(宽度和高度)。

任务实施:

```
1  <!DOCTYPE html >
2  <html >
3    <head >
4      <meta charset = "UTF - 8" />
5      <title >视频播放 </title >
6      <style type = "text/css" >
7              video{width:500px;
8              height:300px;}
9      </style >
10   </head >
11   <body >
```

```
12      <video src = "video/1.mp4" controls = "controls" autoplay = "autoplay"
13 loop = "loop" > < /video >
14   < /body >
15 < /html >
```

任务 7.4 HTML DOM Video 对象

HTML5 为 Video 对象提供了用于 DOM 操作的方法和事件，常用方法及描述见表 7 - 1。

表 7 - 1 Video 对象的常用方法及描述

方法	描述
addTextTrack( )	向视频添加新的文本轨道
canPlayType( )	检查浏览器是否能够播放指定的视频类型
load( )	重新加载视频元素
play( )	开始播放视频
pause( )	暂停播放视频

Video 对象用于 DOM 操作的常用属性及描述见表 7 - 2。

表 7 - 2 Video 对象用于 DOM 操作的常用属性及描述

属性	描述
autoplay	设置是否在就绪（加载完成）后随即播放视频
currentSrc	返回当前视频的 URL
currentTime	设置或返回视频中的当前播放位置（以秒计）
duration	返回视频的长度（以秒计）
ended	返回视频的播放是否已结束
error	返回表示视频错误状态的 MediaError 对象
height	设置或返回视频的 height 属性的值
loop	设置视频是否应在结束时再次播放
paused	设置视频是否暂停
src	设置或返回视频的 src 属性的值
volume	设置或返回视频的音量
width	设置或返回视频的 width 属性的值

Video 对象用于 DOM 操作的常用事件及描述见表 7 - 3。

表7-3 Video 对象用于 DOM 操作的常用事件及描述

属性	描述
play	当执行方法 play( )时触发
playing	正在播放时触发
pause	当执行方法 pause( )时触发
ended	当播放结束后，停止播放时触发
waiting	在等待加载下一帧时触发
error	当获取媒体的过程中出错时触发

任务实践7-2 用 JavaScript 脚本代码操作 Video 对象

任务描述：在页面中插入视频，定义一个用于控制开始或暂停的按钮，单击"开始/暂停"按钮切换播放状态。页面效果如图7-4所示。

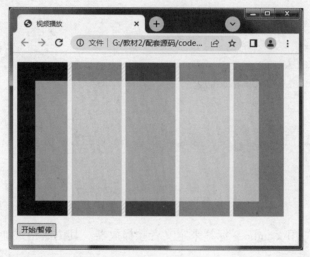

图7-4 用 JavaScript 脚本代码操作 Video 对象页面效果

任务分析：

①根据任务要求，在页面主体 < body > 中嵌入 < video > 标签、< input type = " button" > 标签。

②定义一个用于控制开始和暂停的按钮，然后为该按钮的 onclick 事件定义方法 playpause( )。使用 JavaScript 脚本代码中的 if 条件语句进行状态判断，当该播放器的状态为暂停时，调用 play( )方法，并切换为开始状态，单击"开始/暂停"按钮切换到播放状态，再次单击"开始/暂停"按钮切换到暂停状态。

任务实施：

```
1 <!DOCTYPE html >
2 <html >
```

```
3    < head >
4         < meta charset = "UTF - 8" / >
5         < title > 视频播放 < /title >
6         < style type = "text/css" >
7              video{width:500px;
8              height:300px;}
9         < /style >
10   < /head >
11   < body >
12             < video id = "mv" src = "video/1.mp4" > < /video >
13             < br >
14             < input type = "button" value = "开始/暂停" onclick = "playpause()"/ >
15   < /body >
16   < script >
17        var mv = document.getElementById( "mv" );
18        function playpause()
19        {
20             if(mv.paused)
21                  mv.play();
22             else
23                  mv.pause();
24        }
25   < /script >
26   < /html >
```

任务 7.5 嵌入音频

在 HTML5 中，使用 < audio > 标签来定义音频播放器。其语法格式如下：

```
< audio src = "音频文件路径" controls = "controls" > < /audio >
```

上述语法格式中，src 属性用于设置音频文件的路径，controls 属性用于为音频提供播放控件（背景音乐不需要写此属性），src 属性和 controls 属性是 < video > 标签的基本属性，除此之外，< audio > 标签还有 autoplay 属性（页面载入完成后自动播放音频）、loop 属性（音频结束时重新开始播放）、preload 属性（如果使用该属性，则音频在页面加载时进行加载，并预备播放；如果使用 autoplay 属性，则忽略该属性）。

另外，在 < audio > 和 < / audio > 标签之间还可以插入文字，用于在浏览器不支持音频播放时显示。

任务实践 7 – 3 < audio > 标签的应用

任务描述：在页面中插入音频，页面出现音频控件，用于控制音频播放的状态，并且音频文件自动播放、循环播放。页面效果如图 7 – 5 所示。

图 7 - 5 < audio > 标签的应用页面效果

任务分析：

根据任务要求，在页面主体 < body > 中嵌入 < audio > 标签，并设置 controls、autoplay、loop 属性。

任务实施：

```
1  <!DOCTYPE html >
2  <html >
3    <head >
4        <meta charset = "UTF - 8"/>
5        <title >音频播放 </title >
6    </head >
7    <body >
8        <audio src = "video/4.mp3" controls = "controls" autoplay = "autoplay"
9  loop = "loop" > </audio >
10    </body >
11 </html >
```

任务7.6 HTML DOM Audio 对象

HTML5 为 Audio 对象提供了用于 DOM 操作的方法和事件，常用方法及描述见表7 - 4。

表 7 - 4 Audio 对象的常用方法及描述

方法	描述
canPlayType( )	测试浏览器是否支持指定的媒体类型
load( )	重新加载音频元素
play( )	开始播放音频
pause( )	暂停播放音频

Audio 对象用于 DOM 操作的常用属性及描述见表7 - 5。

表 7 - 5 Audio 对象用于 DOM 操作的常用属性及描述

属性	描述
currentSrc	返回当前音频的 URL

属性	描述
currentTime	设置或返回音频中的当前播放位置（以秒计）
duration	返回音频的长度（以秒计）
ended	返回音频的播放是否已结束
error	返回表示音频错误状态的 MediaError 对象
paused	设置或返回音频是否暂停
muted	设置或返回是否关闭声音
volume	设置或返回音频的音量

Audio 对象用于 DOM 操作的常用事件及描述见表 7-6。

表 7-6　Audio 对象用于 DOM 操作的常用事件及描述

事件	描述
play	当执行方法 play( ) 时触发
playing	正在播放时触发
pause	当执行方法 pause( ) 时触发
ended	当播放结束后，停止播放时触发
waiting	在等待加载下一帧时触发
error	当获取媒体的过程中出错时触发

任务实践 7-4　用 JavaScript 脚本代码操作 Audio 对象

任务描述：在页面中插入音频，定义一个用于控制开始和暂停的按钮，单击"开始/暂停"按钮切换播放状态。页面效果如图 7-6 所示。

图 7-6　用 JavaScript 脚本代码操作 Audio 对象页面效果

任务分析：

①根据任务要求，在页面主体 < body > 中嵌入 < video > 标签、< button > 标签。

②当使用标签名来获取某个标签时，默认得到的是数组对象，数组对象的下标从 0 开始，这里每种标签只有一个，所以使用下标 0 来获取对象。单击"音乐播放"按钮，音乐开始播放。

任务实施：

```
1  <!DOCTYPE html >
2  <html >
3    <head >
4        <meta charset = "UTF - 8 " />
5        <title >音频播放 </title >
6    </head >
7    <body >
8                <audio src = "video/4.mp3" > </audio >
9                <button >音乐播放 </button >
10   </body >
11   <script >
12       window.onload = function(){
13           document.getElementsByTagName("button")[0].onclick = function(){
14           document.getElementsByTagName("audio")[0].load();
15           document.getElementsByTagName("audio")[0].play();
16           }
17       }
18   </script >
19 </html >
```

任务 7.7   视频、音频中的 source 元素

虽然大多数浏览器都支持 HTML5 的视频和音频元素，但还有一小部分浏览器不支持，为了使视频和音频能够在各个浏览器中正常播放，往往需要提供多种格式的视频和音频文件。在 HTML5 中，使用 source 元素可以为 video 元素和 audio 元素提供多个备选文件。

使用 source 元素添加视频的语法格式如下：

```
<video controls = "controls" >
                <source src = "视频文件地址" type = "媒体文件类型/格式" >
                <source src = "视频文件地址" type = "媒体文件类型/格式" >
                ……
</video >
```

使用 source 元素添加音频的语法格式如下：

```
<audio controls = "controls" >
                <source src = "音频文件地址" type = "媒体文件类型/格式" >
                <source src = "音频文件地址" type = "媒体文件类型/格式" >
                ……
</audio >
```

上述语法格式中，可以指定多个 source 元素为浏览器提供备用的媒体文件，src 属性用于指定媒体文件的 URL 地址，type 属性用于指定媒体文件的类型。

项目分析

从页面效果可以看出，视听频道页面由标题（<header>）、导航栏（<nav>视频播放列表模块）和视频播放模块组成，页面标注如图 7-7 所示，页面结构如图 7-8 所示。

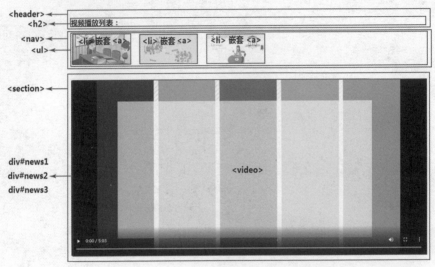

图 7-7　页面标注

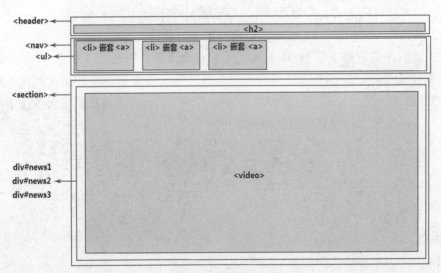

图 7-8　页面结构

该页面的实现细节具体分析如下：

①导航栏：使用 HTML 结构标签 <nav> 布局导航，其中，嵌套列表标签 <ul>、<li> 布局横向导航栏，在列表标签中嵌套超链接标签 <a> 并设置锚点链接。

②视频播放版块：使用 <div> 标签定义 id 属性；在 <div> 标签中嵌套视频标签 <video>。

项目实施

1. 定义全局样式

```
1 * {
2    margin: 0;
3    padding: 0;
4    list - style: none;
5 }
6 body {
7    font - family: "微软雅黑";
8 }
```

2. 制作标题 html 结构，定义 CSS 样式

（1）制作标题 html 结构

```
1 < header >
2    < h2 >视频播放列表: < /h2 >
3 < /header >
```

（2）定义 CSS 样式

```
1 nav{width:100%;
2 header,nav {
3    width: 1200px;
4    margin: 10px auto;
5 }
```

3. 制作导航栏 html 结构，定义 CSS 样式

（1）制作导航栏 html 结构

```
1 < nav >
2    < ul class = "clearfix" >
3        < li > < a href = "#news1" > < img src = "img/1.jpg" > < /a > < /li >
4        < li > < a href = "#news2" > < img src = "img/2.jpg" > < /a > < /li >
5        < li > < a href = "#news3" > < img src = "img/3.jpg" > < /a > < /li >
6    < /ul >
7 < /nav >
```

（2）定义 CSS 样式

```
1 .clearfix::after {
2                display: block;
3                clear: both;
4                content: "";
```

```
5                       visibility: hidden;
6                       height: 0;
7                       }
8 .clearfix{ * zoom: 1;}
9 nav ul li {
10                      width: 200px;
11                      height: 100px;
12                      margin - right: 24px;
13                      float: left;
14                      background - color: aqua;
15                      border: 3px solid #fff;
16                      border - radius: 8px;
17                      opacity: 0.6;
18      }
19 nav li:hover {
20                      border: 3px solid #666;
21                      opacity: 1;
22 }
```

4. 制作视频播放模块 html 结构，定义 CSS 样式

（1）制作视频播放模块 html 结构

```
1 < section >
2          < div class = "abc" id = "news1" >
3                  < video src = "video/1.mp4" controls autoplay loop > < /video >
4          < /div >
5          < div class = "abc" id = "news2" >
6                  < video src = "video/2.mp4" controls autoplay loop > < /video >
7          < /div >
8          < div class = "abc" id = "news3" >
9                  < video src = "video/3.mp4" controls autoplay loop > < /video >
10         < /div >
11 < /section >
```

（2）定义 CSS 样式

```
1 section{
2                  margin: 50px auto;
3                  width: 1200px;
4                  height: 576px;
5          }
6 .abc {
```

```
7                      display: none;
8             }
9 #news1:target,#news2:target,#news3:target {
10                     display: block;
11            }
12 video {
13                     width: 1200px;
14                     height: 576px;
15                     background: #000;
16                     margin: 0px auto;
17            }
```

项目实训

实训目的

练习在网页中插入视频，并设置自动播放功能。

实训内容

在网页中插入视频，该视频在网页中水平居中对齐，项目实训页面效果如图7-9所示。

图7-9   项目实训页面效果

项目小结

通过本项目的学习，大家能够了解 HTML5 支持的视频和音频格式，掌握 HTML5 中视频和音频的相关属性，学会在 HTML5 页面中添加视频和音频文件。

本项目注意事项：<video>标签和<audio>标签都是块元素，具有块元素的特性。

拓展阅读

1. 其他两种插入音频的方法：

第一种：

```
< embed src = "video/yinpin.mp3" hidden = "true" autostart = "true" loop = "true" >
```

其中，使用 src = "video/yinpin. mp3"加入背景音乐的保存路径；使用 hidden = "true"表示隐藏音乐播放按钮，false 表示开启音乐播放按钮；使用 autostart = "true"表示网页加载完后自动播放；使用 loop = "true"表示循环播放，IE 可用，谷歌不循环。

第二种：

```
< bgsound src = "video/yinpin.mp3" autostart = "true" loop = "infinite" > </
bgsound >
```

其中，使用 loop = "infinite"表示循环，可以是具体数值；bgsound 用于插入背景音乐，但只适用于 IE，非标，一般不使用。

2. 新版本的谷歌浏览器视频在自动播放准备就绪后，会自动把音量调整到最大进行播放，所以，自 2018 年就屏蔽了 video 的自动播放这一属性。解决方案之一是在 < video > 标签中插入 muted 静音属性，muted = "muted"，视频将自动播放，但是为静音状态。

项目 8

制作移动端"大赛风采"栏目页面

项目目标

能力目标：

能够利用 HTML meta 声明做跨屏适配。

能够实现网页的流式布局。

学会响应式图片和文字的处理方法。

能够制作移动端导航。

知识目标：

掌握响应式设计的基本概念。

掌握桌面前端开发与移动前端开发的差异。

掌握视口的概念。

了解流式布局使用的场景。

素质目标：

培养学生工匠精神。

培养学生的爱国情怀。

培养不忘初心、无私奉献的价值观。

项目背景

普通教育有高考，职业教育有大赛。全国职业院校技能大赛是由教育部等 36 家部门、行业组织、人民团体、学术团体和地方政府共同举办的公益性职业院校学生综合技能竞赛活动，职业技能大赛的举办向社会传达了一个明确的价值信号：高度重视技能人才工作，大力弘扬劳模精神、劳动精神、工匠精神，激励更多劳动者特别是青年一代走技能人才、技能报国之路。同时，这也凸显了中国从"制造大国"向"制造强国"转型的坚定决心。

本项目使用响应式 Web 开发相关技术制作"大赛风采"栏目移动端的网页。页面初始效果如图 8 - 1 所示，当单击汉堡按钮时，导航菜单从移动设备左侧以慢速开始，然后变快，最后慢速结束的过渡效果进入。页面最终效果如图 8 - 2 所示。

德育内容：

1. 融入德育元素"工匠精神"引导学生不断雕琢程序，不断改善程序，享受着项目在双手中升华的过程。

2. 融入德育元素"中国精神"，古有"天行健，君子以自强不息"的奋斗精神，"天下兴亡，匹夫有责"的爱国情怀，引导学生以学习技能为己任。

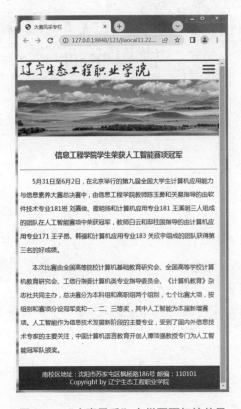
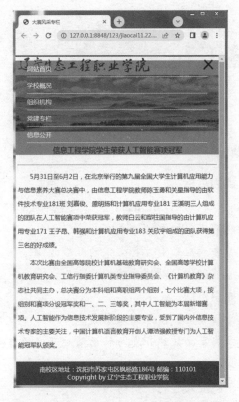

图 8 - 1 "大赛风采"专栏页面初始效果　　　图 8 - 2 显示导航栏页面最终效果

3. 融入德育元素"Ethan. Marcotte（伊森·马科特）"，引导学生建立无私奉献的价值观。

项目知识

任务 8.1　响应式概述

8.1.1　什么是响应式

响应式设计是指自动识别屏幕宽度并做出相应调整的网页设计，也就是说，一个网站同时能兼容多个终端，如图 8 - 3 所示。那么什么是响应式技术呢？每当提到响应式技术，第一时间想到的技术只有流式布局和媒体查询，其实，响应式图片技术与性能优化技巧也都被列入响应式技术集合中，它们与媒体查询同样重要。

8.1.2 为什么需要响应式设计

1. 产品形态需要

随着移动互联网的快速发展，移动设备成为日常必备品之一，无论是生活使用还是办公应用，均涉及移动设备，台式机的使用环境正在逐渐递减。

我们试想一下如果没有响应式设计，如果不区分移动与桌面用户，任由用户访问相同的桌面端页面，会有什么样的体验呢？那将是灾难般的体验。

以辽宁生态工程职业学院官网为例，如果在手机上访问该站点的桌面版，网页文字将很难辨别，如图 8 - 4 所示。当想查看学院要闻时，不得不小心翼翼地放大、移动页面，调整到需要浏览的区域。这一过程要非常小心地操作，因为稍不留神就可能误单击了页面的某一处链接，从而导致浏览器跳转到其他页面，又不得不返回，再重复之前的步骤。

图 8 - 3　多终端访问同一个网站　　　图 8 - 4　手机访问辽宁生态工程职业学院官网桌面版

2. 从性能与商业方面考虑

通过网络平台提供的数据可以发现，47% 的用户希望页面的加载时间少于 2 s，如果一个网站的加载时间超过 3 s，40% 的用户会放弃访问这个网站。亚马逊说，他们页面的加载时间每增加 100 ms，便会损失 1% 的销售额；谷歌说，他们页面的加载时间每增加 500 ms，便会减少 25% 的搜索量。对一个商业网站来说，时间就是金钱，用户没有理由把时间花在无法访问的网站上。移动端浏览器的渲染效率、脚本执行效率与桌面端浏览器有一定的差距，因此需要"想方设法"将页面快速地展现。

抛开产品本身，抛开商业因素，Web 开发者的工作职责之一是用技术实现一个"好"的产品。一个网站即使没有 CSS 和 JavaScript，也可供浏览，移动设备浏览器当然也可以直接访问桌面端网页，但是这些情况下产品的可用性、可读性、可访问性无法保障。谈论响应式也好，移动化也罢，不仅是让布局变窄，让字体变小，而且让网页在移动端与桌面端一样好用。

什么是视口（Viewport）？视口是指网页的可视区域，它定义了浏览器能显示内容的屏幕区域。简单地说，在一个浏览器中，你所看到的区域就是视口。

视口一般包括三种：布局视口（Layout Viewport）、可见视口（Visual Viewport）和理想视口（Ideal Viewport），它们在屏幕适配中起着非常重要的作用。

布局视口：网页布局的基准窗口，是指网页的宽度。

可见视口：用户通过屏幕真实看到的区域。可见视口默认等于当前浏览器的窗口大小（包括滚动条宽度），即可见视口是指设备的屏幕宽度或浏览器窗口宽度。

理想视口：布局视口在移动端展示的效果并不是一个理想的效果，所以，理想视口就诞生了。理想视口是为了使网站在移动端有最理想的浏览和阅读宽度而设定的，需要手动填写 < meta > 视口标签通知浏览器操作。< meta > 视口标签的主要作用是使布局视口的宽度与理想视口的宽度一致，即设备有多宽，布局视口就有多宽。

1. PC 端视口

在 PC 端浏览器中，浏览器可视区域的大小决定了页面的布局。在 PC 端，可见视口等于布局视口，如图 8 - 5 所示。

图 8 - 5 PC 端浏览器视口

2. 移动设备视口

移动设备视口大小随设备而异，移动端比 PC 端屏幕更小。在使用移动端设备之前，网页设计仅用于 PC 端的屏幕，并且网页拥有静态设计和固定大小是很常见的。然后，当开始使用移动设备上网时，固定大小的网页太大了，无法适应视口。移动设备浏览器为了保证让大多数网站都正常显示，各移动浏览器厂商设置了一个标签，用来定义虚拟的布局视口，用于解决早期的页面在手机上显示的问题。iOS 和 Android 基本将这个视口分辨率设置为 980 px，iPad 和 WinPhone 设置为 1 024 px，所以 PC 端的网页在这些设备上呈现时，网页会自动缩放到移动设备屏幕能看全的大小，元素看上去很小，用户需要手动缩放网页。

比如，在宽为 390 px 的 iPhone 13 上显示一个宽为 980 px 的页面，大多数浏览器为了让页面显示全而缩小页面，效果如图 8 - 6 所示。浏览器和用户在这里并没有改变页面（准确来说是视口）的大小，只是改变了视口的缩放比例，也就是说，这些移动设备上的浏览器会按比例缩小整个网页，以适合屏幕的大小。如果要单击某一个链接，要手动将网页放大，小心地找到这一链接。

图 8 - 6　iPhone 13 显示宽为 980 px 的页面效果

这样的设计并不是完美的，于是手机厂商（最早是在 Safari 中）提供了一个名为 viewport 的 < meta > 标签来设置视口大小，通过在 content 属性中设置 width 的值为 device - width，以及添加 initial - scale 参数来控制渲染时缩放视口的比例为 1，也就是对网页不进行缩放，从而达到理想视口的效果。例如：

```
< meta name = "viewport" content = "width = device - width, initial - scale = 1" >
```

这样就把获取系统分辨率宽度这个任务交给了浏览器，由浏览器根据具体情况来执行，如图 8 - 7 所示。

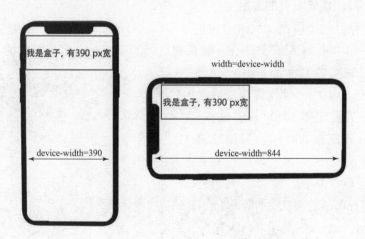

图 8 - 7　设置了 width = device - width 后页面效果

要把当前的 viewport 宽度设为理想视口的宽度，既可以设置 width = device – width，也可以设置 initial – scale = 1，但这两者各有一个小缺陷，即 iPhone、iPad 及 IE 会横竖屏不分，都以竖屏的理想视口宽度为准。所以，最完美的写法应该是把两者都写上去，用 initial – scale = 1 来解决 iPhone、iPad 存在的问题，用 width = device – width 来解决 IE 存在的问题。

任务8.3　流式布局

流式布局，也称为百分比布局、非固定像素布局，是指使用百分比定义宽度，根据视口和父元素的实时尺寸进行调整，尽可能地适应各种屏幕宽度。

屏幕适配的时候，网页内容需要适应视口的宽度，过大的 CSS 宽度或者绝对定位会让元素要么太大，要么不能完全适应屏幕的大小。当某一元素的尺寸大于其容器时，它就会溢出，这时可以将宽度 width 设置为 100%，它就会相对于父元素的宽度而变化，只有这样，才能避免左右滚动。在定义元素宽度时，应采用相对宽度来防止元素溢出视口，而如果设置为 px，则元素的大小将固定不变，无论屏幕尺寸如何，都是如此，用户体验较差。

还可以设置元素的最大宽度 max – width，这样，元素会在需要时变小，但不会超过所设的最大宽度。实际上，如果同时设置了 width 和 max – width，最大宽度会覆盖宽度设定。同样地，也可以设置 min – width 和 min – height，比如，给元素添加最小宽度和最小高度。

百分比是一种相对于包含块的计量单位。计算公式为：

$$子元素（目标）宽度/父元素宽度 = 百分比宽度$$

例如：子元素（目标）的宽度是 500 px，父级元素的宽度是 1 000 px，那么子元素（目标）的宽度换算成百分比，应该是 50%。

那么什么情况下会用到流式布局呢？当打开页面的时候，发现不管哪种设备，页面始终都是满屏显示的，在移动开发中，这种情况下就要用到流式布局了。流式布局方式是移动 Web 开发使用的比较常见的布局方式。下面通过任务实践对流式布局进行讲解。

任务实践 8 - 1　流式布局的应用

任务描述：设计一个网页，页面结构包括头部、导航栏、文章、侧边栏及页脚。当浏览器宽度为 320 ~ 1 000 px 时，头部、导航栏和页脚的宽度是浏览器宽度的 100%，文章、侧边栏的宽度是浏览器宽度的 50%；当浏览器的宽度大于 1 000 px 时，头部、导航栏和页脚的宽度为固定值 1 000 px，文章、侧边栏的宽度为固定值 500 px；当浏览器的宽度小于 320 px 时，头部、导航栏和页脚的宽度为固定值 320 px，文章、侧边栏的宽度为固定值 160 px。页面效果如图 8 – 8 ~ 图 8 – 10 所示。

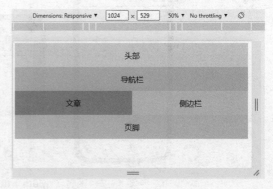

图 8 – 8　PC 端显示效果

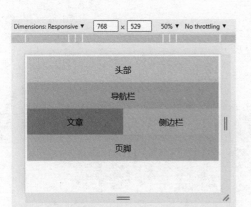
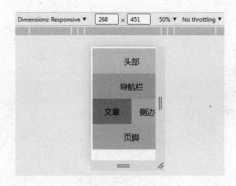

图 8-9　移动端（iPad）显示效果　　　图 8-10　设备宽度小于 320 px 时的显示效果

任务分析:

①利用 HTML meta 声明做跨屏适配。

②定义 header,nav,section,footer {width:100%;max-width:1000px;min-width:320px;}。

任务实施:

```
1  <!DOCTYPE html>
2  <html>
3     <head>
4        <meta charset = "UTF-8">
5        <meta name = "viewport" content = "width = device-width, initial-scale =
6  1.0">
7        <title>百分比布局</title>
8        <style type = "text/css">
9             header,nav,section,footer {
10                width:100%;
11                max-width:1000px;
12                min-width:320px;
13                height:100px;
14                line-height:100px;
15                font-size:32px;
16                text-align:center;
17             }
18             header {
19                background-color:palegreen;
20             }
21             nav {
22                background-color:pink;
23             }
```

```
24          section {
25                background - color: red;
26          }
27          footer {
28                background - color: powderblue;
29          }
30          article {
31                width: 50%;
32                background - color:darksalmon;
33                float: left;
34          }
35          aside{
36                width: 50%;
37                background - color: gold;
38                float: left;
39          }
40      </style>
41 </head>
42 <body>
43      <header>头部</header>
44      <nav>导航栏</nav>
45      <section>
46          <article>文章</article>
47          <aside>侧边栏</aside>
48      </section>
49      <footer>页脚</footer>
50  </body>
51 </html>
```

任务8.4 响应式图片

　　页面中最常见的两个元素是文字和图片。客观地说，图片甚至比文字更加重要，附有图片的页面或者内容会更吸引用户，并且可以让用户在页面停留的时间更长。

　　响应式图片有两种：一种是背景图片，使用 background - size:cover；可以解决背景图片覆盖容器的问题；另一种是页面图片，是直接通过 <img> 标签加载的图片，这种图片不能给它固定宽度，因为在响应式页面中，它的父容器、它所在的页面宽度随时都可能发生变化；也不能不做宽度的限制，因为没有宽度限制的 <img> 标签会按照图片的原始尺寸显示图片。图片不像文字，文字本质上是流式的，它遇到父容器的边界时，能够自动折行，而图片不会。因此，需要的响应式图片应该是图片能够跟随父容器宽度变化而变化，同时，宽度受限于父容器,不可按照图片原始尺寸展现。

假设将图片的宽度设置为 100%(width:100%),当图片实际宽度大于父容器宽度时,图片能够很好地被限制在父容器宽度内。但是,当图片实际宽度小于父容器宽度时,图片会被强行拉伸至与父容器同宽。因此否定这个方案。

如果将图片的最大宽度设置为 100%(max-width:100%;),则当图片实际宽度大于父容器宽度时,图片同样能够被限制在父容器宽度内;当图片实际宽度小于父容器宽度时,图片也能够按照它的原始尺寸展示,而不是被强行拉伸。因此该方案可行。

下面通过任务实践对响应式图片进行讲解。

任务实践 8-2　响应式图片的设置

任务描述:设计一个网页,让图片在父容器的范围内尽可能地展现自己,无论容器是扩张还是缩小,图片都能自适应。但是纵使容器再宽大,图片尺寸也不会超出自己的原始尺寸。页面效果如图 8-11 和图 8-12 所示。

图 8-11　PC 端显示效果

图 8-12　移动端显示效果

任务分析:

①利用 HTML meta 声明做跨屏适配。

②将图片的最大宽度设置为 100%。

任务实施:

```
1  <!DOCTYPE html>
2  <html>
3     <head>
4         <meta charset="UTF-8">
```

```
5          < meta name = "viewport" content = "width = device - width, initial - scale =
6 1.0" >
7          < title > 响应式图片 </title >
8          < style type = "text/css" >
9                img {
10                   max - width: 100%;
11                   height: auto;
12                }
13          </style >
14     </head >
15     <body >
16          < img src = "img/123.jpg" >
17     </body >
18 </html >
```

任务 8.5 响应式文字

在浏览器中，用户可以自定义默认的文字大小，如果使用固定文字单位 px，则即使用户（如近视用户、老年用户）在浏览器设置中改变文字大小，网页上的字号也是不会变化的。响应式 Web 开发不但需要响应不同类型设备的要求，而且需要响应不同用户的需求。

1. 百分比单位

字体的百分比单位是一个相对单位，如 font - size:80%;,意味着该元素的字体大小为父元素字体大小的 80%。

2. 相对单位 em

相对单位 em 作为字体单位，其规则与百分比单位类似，都是相对于最近父元素设置字体大小。

例如，当 body 字体大小为 16 px 时，body 中子元素字体 1 em 大小即为 16 px（1 × 16 px），2 em 即为 32 px（2×16 px）。同时，可以将子元素字体大小像素单位转化为 em 单位，公式是：子元素字体大小 px 值/父元素字体大小 px 值 = 子元素字体大小 em 值。因此，一种使用 em 单位的方法是，先将 body 字体大小设置为默认的 62.5%：body{font - size: 62.5%}，前提是浏览器的字体大小默认为 16 px，这样，任何 em 单位想还原为 px 单位，只要将 em 单位数值放大 10 倍即可。此时 1 em 即 10 px，2 em 即 20 px，5 em 即50 px。

作为字体单位来说,% 与 em 是等价的，但作为容器的尺寸单位而言，两者执行的规则不同。

3. 相对单位 rem

rem 单位与 em 类似，只不过 em 是相对于最近父元素，而 rem 则始终相对于根（root）

元素 html。也就是说，html 元素内的任何元素，只要字体大小采用 rem 作为单位，那么都是以 html 字体大小作为参照，即使该元素可能不是根元素的直接子元素。

那么响应式文字到底采用哪个单位呢？一般情况下应该采用相对单位 rem，用相对单位 rem 的好处在于大大地降低了代码的维护成本。当开发人员觉得页面字体太小时，只需将根元素字体放大，那么页面上其他部分的字体也会被随之放大；当需要调整一个模块所有字体大小时，也只需要调整这个模块的基准字体大小，也就是最外层元素字体大小即可。下面通过任务实践对响应式文字进行讲解。

任务实践 8 – 3　响应式文字的设置

任务描述：设计一个网页，将根元素 html 的字号设置为 10 px，body 元素字号设置为 60 px，h1 元素字号设置为 2 rem，实际 h1 元素的字号大小为 10 px × 2 = 20 px，其以根元素的字号为基准，而非父元素 body。移动端显示效果如图 8 – 13 所示。

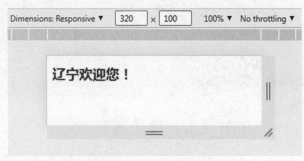

图 8 – 13　移动端显示效果

任务分析：

①利用 HTML meta 声明做跨屏适配。

②将根元素字体大小设置为 10 px。

③将 body 元素字体大小设置为 60 px。

④将 h1 元素字体大小设置为 2 rem。

任务实施：

```
1  <!DOCTYPE html >
2  <html >
3      <head >
4          <meta charset = "UTF – 8" >
5          <meta name = "viewport" content = "width = device – width, initial – scale =
6  1.0" >
7          <title >响应式文字 </title >
8          <style type = "text/css" >
9              html{
10                 font – size:10px;
```

```
10                    |
11              body|
12                    font－size:60px;
13                    |
14              h1|
15                    color:blue;
16                    font－size:2rem;
17                    |
18          </style>
19      </head>
20      <body>
21          <h1>
22                  辽宁欢迎您!
23          </h1>
24      </body>
25  </html>
```

任务 8.6 移动端导航栏

导航是任何应用程序的支柱，其目的是让用户以尽可能少的摩擦到达他们想去的地方。PC 端屏幕大，视觉范围更广，可设计的地方更多，设计性更强，而移动设备屏幕较小，操作的局限性大，在设计上可用空间显得尤为珍贵，移动导航必须是可发现的、可访问的并且占用很少的屏幕空间。因此，移动端导航不能像 PC 端导航一样，在屏幕上全都显示出来，目前大部分网站的移动端采用汉堡菜单，汉堡菜单是指任何隐藏在图标（汉堡图标，即 3 条小水平线）后面的主要导航选项的菜单，也就是说，在移动设备的页面上用汉堡图标表示导航，真正的导航选项菜单被隐藏起来了，当用户触发汉堡图标后，导航选项菜单才显示出来。制作汉堡菜单的方法有很多种，但其中一些仍然需要使用 JavaScript，下面采用纯 CSS 的方法构建一个汉堡菜单。

任务实践 8－4 制作汉堡菜单

任务描述：设计一个移动端导航栏，页面初始效果如图 8－14 所示。当单击汉堡图标▤后，汉堡图标变成▨，并且菜单列表展示在页面上，页面显示效果如图 8－15 所示。

任务分析：

①利用 HTML meta 声明做跨屏适配。

②制作背景色为黑色、高度为 50 px、宽度为 100% 的盒子 nav#menuToggle，设置相对定位。

③nav#menuToggle 嵌套 div. menu，设置 div. menu 绝对定位及位置。

④div. menu 中嵌套 3 对 < span > 标签用于制作汉堡按钮（3 条水平线）图标。

图 8 – 14　移动端导航页面初始效果

图 8 – 15　单击汉堡图标页面显示效果

⑤nav# menuToggle 嵌套 < input > 标签，设置宽度、高度、透明、绝对定位及位置，< input > 标签位置与 div. menu 位置重合。

⑥nav# menuToggle 嵌套 < ul > < li > 标签，设置绝对定位及位置，设置 transform：translate(–100% ,0) ；将菜单移出屏幕。

⑦利用 input：checked ~ 实现单击"汉堡菜单"菜单列表从屏幕左侧移入移出效果。

任务实施：

```
1  <!DOCTYPE html >
2  <html >
3  <head >
4      <meta charset = "UTF – 8" >
5      <meta name = "viewport" content = "width = device – width, initial – scale = 1.0" >
6      <title >移动端导航 </title >
7  <style >
8          *{box – sizing: border – box;
9          padding: 0px;
10         margin: 0px;}
11      #menuToggle {
12         position: relative;
13         background – color:black;
14         height: 50px;
15      }
16      .menu {
```

```
17          position: absolute;
18          top: 10px;
19          right: 10px;
20          z - index: 1;
21          width: 33px;
22          height: 27px;
23      }
24      #menuToggle input {
25          width: 32px;
26          height: 32px;
27          position: absolute;
28          top: 10px;
29          right: 10px;
30          cursor: pointer;
31          opacity: 0;
32          z - index: 2;
33      }
34      #menuToggle span {
35          display: block;
36          width: 33px;
37          height: 4px;
38          margin - bottom: 5px;
39          background: #ffffff;
40          border - radius: 3px;
41          z - index: 1;
42      }
43      #menuToggle input:checked ~ .menu span:nth - last - child(3) {
44          opacity: 0;
45      }
46      #menuToggle input:checked ~ .menu span:nth - last - child(2) {
47          transform: rotate(45deg);
48      }
49      #menuToggle input:checked ~ .menu span:nth - last - child(1) {
50          transform - origin: 15% 0%;
51          transform: rotate( -45deg);
52      }
53      #menuToggle input:checked ~ ul {
54          transform: none;
55      }
```

```
56              #menuToggle ul {
57                  position: absolute;
58                  width: 100%;
59                  top: 10px;
60                  left: 0px;
61                  right: 0px;
62                  padding: 30px;
63                  padding - top: 0px;
64                  background - color:blue;
65                  transform: translate( -100% , 0);
66              }
67              #menuToggle ul li {
68                  padding: 10px 0;
69                  border - bottom: 1px solid #ffffff;
70                  list - style: none;
71              }
72              #menuToggle ul li a {
73                  color: #ffffff;
74                  transition: color 0.3s ease;
75                  text - decoration: none;
76                  font - size: 16px;
77              }
78              #menuToggle ul li a:hover {
79                  color: tomato;
80              }
81          </style>
82  </head>
83  <body>
84              <nav id = "menuToggle">
85                  <input type = "checkbox" />
86                  <div class = "menu">
87                      <span> </span>
88                      <span> </span>
89                      <span> </span>
90                  </div>
91                  <ul>
92                      <li> <a href = "">网站首页 </a> </li>
93                      <li> <a href = "">学校概况 </a> </li>
94                      <li> <a href = "">组织机构 </a> </li>
```

```
95                           <li><a href="">党建专栏</a></li>
96                           <li><a href="">信息公开</a></li>
97                       </ul>
98                   </nav>
99  </body>
100 </html>
```

项目分析

页面标注和页面结构分别如图 8-16 和图 8-17 所示。可以看出，该页面由 logo、汉堡图标、banner 广告区域、主体内容区域、页面底部区域等构成。

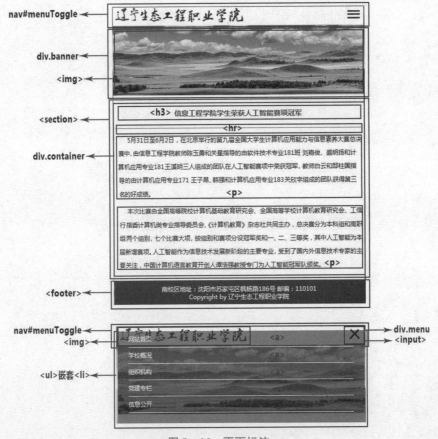

图 8-16　页面标注

该部分的实现细节具体分析如下：

①导航通过 id = menuToggle 的 nav 标签实现。

②logo 图片利用 < img > 标签实现。

③汉堡按钮的三个水平线放在 class = "menu" 的 < div > 标签中。

④单击汉堡按钮实现菜单的显示通过 < input > 标签实现。

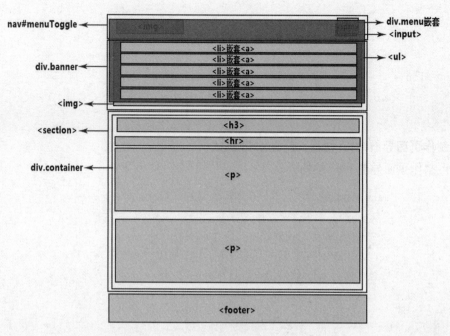

图 8 - 17 页面结构

⑤菜单通过 < ul > 标签显示。

⑥横幅广告图片放到 class = "banner"的 < div > 标签中。

⑦主体内容的标题利用 < h3 > 标签实现,文字部分通过 < p > 标签实现,嵌套在 < section > 标签中。

⑧页面底部的文字内容利用 < p > 标签实现,嵌套在 < footer > 标签中。

项目实施

1. 设置视口,导入 CSS 样式,定义全局 CSS 样式

(1) 设置视口,链入外部 CSS 样式

```
1 <meta name = "viewport" content = "width = device - width, initial - scale = 1.0" >
2 <link rel = "stylesheet" href = "css/style.css" >
```

(2) 定义全局 CSS 样式

```
1 * {
2      padding: 0px;
3      margin: 0px;
4      box - sizing: border - box;
5 }
6 li {
7      list - style: none;
8 }
```

```
9  a {
10     text - decoration: none;
11 }
12 section{
13     padding: 5px;
14 }
```

2. 制作页面导航 html 结构，定义 CSS 样式

(1) 制作页面导航 html 结构

```
1  < nav id = "menuToggle" >
2           < img src = "img/go1.png"/>
3           < input type = "checkbox" />
4           < div class = "menu" >
5                < span > < /span >
6                < span > < /span >
7                < span > < /span >
8           < /div >
9           < ul >
10               < li > < a href = "" >网站首页 < /a > < /li >
11               < li > < a href = "" >学校概况 < /a > < /li >
12               < li > < a href = "" >组织机构 < /a > < /li >
13               < li > < a href = "" >党建专栏 < /a > < /li >
14               < li > < a href = "" >信息公开 < /a > < /li >
15           < /ul >
16 < /nav >
```

(2) 定义 CSS 样式

```
1  #menuToggle {
2     border - top: #00488a 3px solid;
3     position: relative;
4     background - color: #ffffff;
5     height: 50px;
6  }
7  #menuToggle img{
8     max - width: 80% ;
9  }
10 .menu {
11    position: absolute;
12    top: 10px;
13    right: 10px;
```

```
14    z – index: 1;
15    width: 33px;
16    height: 27px;
17 }
18 #menuToggle input {
19    width: 32px;
20    height: 32px;
21    position: absolute;
22    top: 10px;
23    right: 10px;
24    cursor: pointer;
25    opacity: 0;
26    z – index: 2;
27 }
28 #menuToggle span {
29    display: block;
30    width: 33px;
31    height: 4px;
32    margin – bottom: 5px;
33    background: #0048aa;
34    border – radius: 3px;
35    z – index: 1;
36    transition: transform 0.5s ease, opacity 0.55s ease;
37 }
38 #menuToggle input:checked ~ .menu span:nth – last – child(3) {
39    opacity: 0;
40 }
41 #menuToggle input:checked ~ .menu span:nth – last – child(2) {
42    transform: rotate(45deg);
43    background: #232323;
44 }
45 #menuToggle input:checked ~ .menu span:nth – last – child(1) {
46    transform – origin: 15% 0%;
47    transform: rotate( –45deg);
48    background: #232323;
49 }
50 #menuToggle input:checked ~ ul {
51    transform: none;
52 }
```

```
53 #menuToggle ul {
54    position: absolute;
55    width: 100%;
56    top: 10px;
57    left: 0px;
58    right: 0px;
59    padding: 30px;
60    padding - top: 0px;
61    background - color: rgba(0, 72, 170, 0.5);
62    list - style - type: none;
63    transform: translate( -100% , 0);
64    transition: transform 0.5s ease;
65     - webkit - font - smoothing: antialiased;
66 }
67 #menuToggle ul li {
68    padding: 10px 0;
69    border - bottom: 1px solid #ffffff;
70 }
71 #menuToggle ul li a {
72    color: #ffffff;
73    transition: color 0.3s ease;
74    text - decoration: none;
75    font - size: 1rem;
76 }
77 #menuToggle ul li a:hover {
78    color: tomato;
79 }
```

3. 制作 banner 广告 html 结构，定义 CSS 样式

（1）制作 banner 广告 html 结构

```
1 < div class = "banner" >
2      < img src = "img/banner.jpg" >
3    </ div >
```

（2）定义 CSS 样式

```
1 .banner {
2      text - align: center;
3 }
4 .banner img {
5      max - width: 100%;
6 }
```

4. 制作页面主体内容 html 结构，定义 CSS 样式

（1）制作页面主体内容 html 结构

```
1  <section >
2              <h3 >信息工程学院学生荣获人工智能赛项冠军 </h3 >
3              <hr >
4              <p>5 月 31 日至 6 月 2 日，在北京举行的第九届全国大学生计算机应用能力与信息
5                  素养大赛总决赛中，由信息工程学院教师陈玉勇和关星指导的由软件技术专业
6                  181 班刘嘉俊、盛明扬和计算机应用专业 181 王溪明三人组成的团队在人工智
7                  能赛项中荣获冠军，教师白云和邸柱国指导的由计算机应用专业 171 王子昂、
8                  韩强和计算机应用专业 183 关欣宇组成的团队获得第三名的好成绩。</p>
9              <p>本次比赛由全国高等院校计算机基础教育研究会、全国高等学校计算机教育
10                 研究会、工信行指委计算机类专业指导委员会、《计算机教育》杂志社共同主办，
11                 总决赛分为本科组和高职组两个组别，七个比赛大项，按组别和赛项分设冠军
12                 奖和一、二、三等奖，其中，人工智能为本届新增赛项。人工智能作为信息技术
13                 发展新阶段的主要专业，受到了国内外信息技术专家的主要关注，中国计算机
14                 语言教育开创人谭浩强教授专门为人工智能冠军队颁奖。</p>
15 </section >
```

（2）定义 CSS 样式

```
1  h3 {
2      color: brown;
3      text - align: center;
4      padding: 25px 0px;
5  }
6  section p {
7      text - indent: 2em;
8      line - height: 35px;
9      margin - top: 10px;
10 }
```

5. 制作页面底部 html 结构，定义 CSS 样式

（1）制作页面底部 html 结构

```
1  <footer >
2      <p>南校区地址:沈阳市苏家屯区枫杨路 186 号 邮编:110101 </p>
3      <p>Copyright by 辽宁生态工程职业学院 </p>
4  </footer >
```

（2）定义 CSS 样式

```
1  footer {
2      margin - top: 20px;
```

```
3        background-color: #00488a;
4        padding: 5px 0px;
5 }
6 footer p {
7        text-align: center;
8        line-height: 20px;
9        color: #ffffff;
10 }
```

项目实训

实训目的

练习制作移动端页面，注意移动端导航的实现方法和技巧。

实训内容

实现图 8-18 所示的页面初始状态显示效果。当单击汉堡按钮时，实现图 8-19 所示的效果。

图 8-18　页面初始状态显示效果

图 8-19　单击汉堡按钮时的显示效果

项目小结

通过本项目的练习，能够学会使用流式布局、视口属性、响应式图片及响应式文字等技术制作移动端网页。本项目要求理解响应式设计的基本概念及各个技术要点，打好响应式设计基础。

本项目注意事项：

1. 制作响应式网站时，一定要添加视口设置，因此，要明确视口设置的每个属性代表

的意义;

2. 汉堡菜单在移动端设计的出现率非常高,要了解其实现方法;

3. 移动端文字和图片的处理与 PC 端有很大的不同,要明白其实现原理。

拓展阅读

2010 年 5 月,著名网页设计师 Ethan. Marcotte 首次提出了响应式的设计概念,随后响应式以龙卷风般强劲的姿势席卷了前端和设计领域,成为如今网页设计的大趋势。

在响应式网站没有被开发出来的时候,人们针对不同的浏览设备分别设计相应的网站进行管理,当然,那时候手机还没有这么流行,网页浏览、购物需求主要集中在 PC 端。但是人们很快就发现一个难题:即使是同一种设备,屏幕也有上百种不同型号,难道企业要针对每种尺寸的屏幕独立设计一个后台网站管理吗?答案当然是否定的,当世界语言无法统一的时候,人们投票决定了"标准语",在互联网行业,面对上百种屏幕尺寸,自然也有"标准尺寸屏幕",企业根据标准屏幕大小设计网站。

项目 9

制作"垃圾分类"页面

项目目标

能力目标：

能用媒体查询对网页进行调整。

学会使用弹性盒布局来制作响应式网站。

能够使用弹性盒子制作导航栏。

知识目标：

掌握 CSS3 媒体查询的方法。

掌握弹性盒布局方法及技巧。

掌握弹性盒子父容器常用属性及属性值。

掌握弹性盒子子项目常用属性及属性值。

掌握实现响应式布局的解决方案。

素质目标：

培养学生热爱自然与生活，爱护环境，具有良好的审美情趣，并具备表现力、创造力。

培养学生具有自然、社会、思维等方面的现代科学基础知识。

项目背景

垃圾分类是对传统垃圾收集处理方式的改革，是对垃圾进行有效处置的一种科学管理方法。人们面对日益增长的垃圾产量和环境状况恶化的局面，如何通过垃圾分类管理，最大限度地实现垃圾资源利用，减少垃圾处置量，改善生存环境质量，是当前世界各国共同关注的迫切问题之一。

本项目使用响应式 Web 开发相关技术制作"垃圾分类"专栏网页。PC 端页面初始效果如图 9－1 所示，移动端页面初始效果如图 9－2 和图 9－3 所示，单击移动端汉堡菜单时，显示导航栏，效果如图 9－4 所示。

德育内容：

1. 融入德育元素，引导学生从思想上支持环保，积极参与垃圾分类活动。

2. 融入德育元素，培养学生做文明风尚的传播者、文明行为的践行者和文明创建的引领者。

3. 融入德育元素，引导学生积极探索、追求真理的精神。

图9-1 PC端"垃圾分类"专栏页面

图9-2 移动端（iPad）"垃圾分类"专栏页面

图 9 - 3　移动端（手机）"垃圾分类"专栏页面　　　图 9 - 4　"垃圾分类"专栏页面导航栏显示效果

项目知识

任务 9.1　媒体查询概述

9.1.1　什么是媒体查询

CSS3 的 Media Query 媒体查询（也称为媒介查询）用于根据窗口宽度、屏幕比例和设备方向等差异来改变页面的显示方式。使用媒体查询能够在不改变页面内容的情况下，为特定的输出设备制定显示效果。

媒体查询可以根据设备显示器的特性（如视口宽度、屏幕比例、设备方向：横向或纵向）为其设定 CSS 样式，媒体查询由媒体类型和一个或多个检测媒体特性的条件表达式组成。

9.1.2　媒体查询的语法规范

使用@ media 查询，可以针对不同的媒体类型定义不同的样式。基本语法如下：

```
@media mediatype and|not|only (media feature) {
    CSS - Code;
}
```

上述代码中，mediatype 指媒体类型，可以是 all、print、screen、speech。其中，all 应用于所有设备，print 应用于打印机和打印预览，screen 应用于电脑屏幕、平板电脑、智能手机等，speech 应用于屏幕阅读器等发声设备，目前广泛使用的是 all 和 screen。

and｜not｜only：是关键字，可以用来构建复杂的媒体查询。其中，and 用来把多个媒体特性组合起来，合并到同一条媒体查询中，相当于"且"的意思。只有当每个特性都为真时，这条查询的结果才为真。not 指排除某个媒体类型，相当于"非"的意思。only 指定某个特定的媒体类型。在不使用 not 或 only 操作符的情况下，媒体类型是可选的，默认为 all，如可简写为 @media(min-width:700px)。

media feature：指媒体特性（设备特性），每种媒体类型都具备各自不同的特性，根据不同媒体类型特性设置不同的展示风格，媒体特性必须由小括号包含。媒体特性包含两部分内容：媒体特性和媒体特性所指定的值，而且这两部分之间使用冒号隔开。

媒体特性可以是 width（定义输出设备中页面可见区域宽度）、min-width（定义输出设备中页面最小可见区域宽度）、max-width（定义输出设备中页面最大可见区域宽度）。

媒体特性所指定的值即改变页面布局的点（断点或者临界点）。根据网页布局设计，可以有一个或多个断点，一般地，会根据设备屏幕尺寸设置四处断点，分别是 576 px、768 px、992 px、1 200 px。

9.1.3 引入媒体查询方法

媒体查询提供了简单的方法来根据不同的设备特征应用不同的样式，比如设备的宽度、高度或者像素比等，使页面在不同终端设备下达到不同的渲染效果。那么如何引入媒体查询呢？有以下三种常用的方法。

①利用 link 元素添加 media 属性的方式。其中有两种使用方法如下：

```
<!--通过 media 指定媒体类型来实现区别引入 css 文件 -->
    <link rel="stylesheet" href="./css/index.css" media="screen">
<!--通过 media 指定媒体类型及条件来区别引入 css 文件 -->
    <link rel="stylesheet" href="./css/index.css" media="screen and (min-width:300px)">
```

上述方法中，只需要在网页中添加另外的样式表，并附上媒体查询即可。media="screen and(min-width:300px)"意思是只在设备屏幕大于等于 300 px 时，才能应用样式表 index.css。

②<style>标签内通过 @media 实现，这种方式的 http 请求会少一些，但 html 文件会变大。使用方法如下：

```
<style>
    @media screen {
        body{
            background-color: green;
```

```
        }
    }
</style>
```

上述代码表示在电脑屏幕、平板电脑、智能手机等终端设备上，页面的背景色是绿色。

```
<style>
    @media screen and (min-width: 300px) {
        body {
                background-color: green;
            }
    }
</style>
```

上述代码表示在电脑屏幕、平板电脑、智能手机等设备上，当屏幕大于等于 300 px 时，页面的背景色是绿色。

③ < style > 标签内联样式 media 指定媒体类型。使用方法如下：

```
<style media = "screen">
    body {
        background-color: antiquewhite;
    }
</style>
```

或者

```
<style media = "screen and (max-width: 300px)">
    body {
        background-color: antiquewhite;
    }
</style>
```

任务实践 9 - 1 简单媒体查询

任务描述：设备屏幕宽度小于等于 600 px 时，页面背景色为粉色，并显示文字"快乐"；设备屏幕宽度大于 600 px 时，页面背景色为蓝色，并显示文字"忧伤"。页面效果如图 9 - 5 所示。

任务分析：

①利用 HTML meta 声明做跨屏适配。

②根据任务要求，在页面主体 < body > 中嵌入两对 < h1 > 标签，并分别定义不同的 class 类，用于显示文字"快乐"和"忧伤"。

③设置样式，将背景色设置为蓝色，将 < h1 > 标签设置为绝对定位，宽度为 100%，文字水平居中对齐，设置字体及字号。

④通过设置 < h1 > 标签的样式属性 opacity（透明度），显示文字"忧伤"。

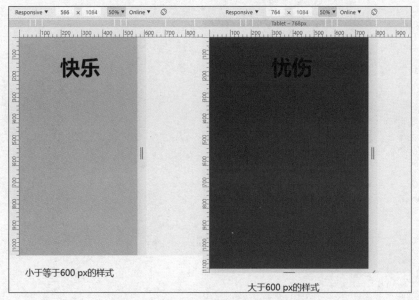

小于等于600 px的样式

大于600 px的样式

图 9-5 断点设置不同样式页面效果图

⑤设置媒体查询 max-width:600px;，将背景色设置为粉色，仍然通过设置 <h1>标签的样式属性 opacity（透明度），显示文字"快乐"。

任务实施：

```
1  <!DOCTYPE html>
2  <html>
3   <head>
4      <meta charset = "UTF-8">
5     <title>媒体查询</title>
6       <meta name = "viewport" content = "width=device-width, initial-
7 scale=1.0">
8        <style type = "text/css">
9            h1 {
10              position: absolute;
11             text-align: center;
12             width: 100%;
13             font-size: 6em;
14             font-family: sans-serif;
15             }
16          body {
17              background-color: blue;
18             }
19          .happy {
20              opacity: 0
```

```
21                    }
22              .sad {
23                  opacity:1
24              }
25              @media screen and (max-width:600px) {
26              body {
27                  background-color: pink;
28              }
29              .happy {
30                  opacity: 1
31              }
32              .sad {
33                  opacity: 0
34              }
35                }
36          </style>
37      </head>
38      <body>
39          <h1 class = "happy" >快乐</h1>
40          <h1 class = "sad">忧伤</h1>
41      </body>
42  </html>
```

任务实践9-2　复杂媒体查询

任务描述：设备屏幕宽度为400~800 px 时，页面背景色为粉色，并显示文字"快乐"；设备屏幕宽度为其他尺寸，页面背景颜色为蓝色，并显示文字"忧伤"。页面效果如图9-6所示。

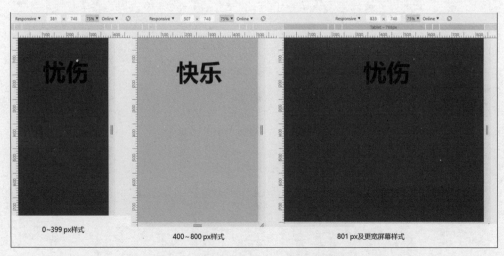

图9-6　复杂媒体查询样式页面效果图

任务分析：

①利用 HTML meta 声明做跨屏适配。

②根据任务要求，在页面主体 < body > 中嵌入两对 < h1 > 标签，并分别定义不同的 class 类，用于显示文字"快乐"和"忧伤"。

③设置样式，将背景色设置为蓝色，将 < h1 > 标签设置为绝对定位，宽度为 100%，文字水平居中对齐，设置字体及字号。

④通过设置 < h1 > 标签的样式属性 opacity（透明度），显示文字"忧伤"。

⑤设置媒体查询（min − width：400px）and（max − width：800px），并将背景色设置为粉色，仍然通过设置 < h1 > 标签的样式属性 opacity（透明度），显示文字"快乐"。

任务实施：

```
1  <!DOCTYPE html >
2   <html >
3      < head >
4          < meta charset = "UTF − 8" >
5          < meta name = "viewport" content = "width = device − width, initial −
6 scale = 1.0" >
7          < title > </title >
8            < style type = "text/css" >
9              h1 {
10                 position: absolute;
11                text − align: center;
12                width: 100%;
13                font − size: 6em;
14                font − family: sans − serif;
15               }
16             body {
17                background − color: blue;
18               }
19            .happy {
20               opacity: 0
21               }
22            .sad {
23                opacity: 1
24               }
25            @media screen and (min − width: 400px) and (max − width: 800px) {
26             body {
27                background − color: pink;
28               }
```

```
29              .happy {
30                opacity: 1
31              }
32              .sad {
33                opacity: 0
34              }
35            }
36          </style >
37        </head >
38        <body >
39          <div >
40            <h1 class = "happy" > 快乐 </h1 >
41            <h1 class = "sad" > 忧伤 </h1 >
42          </div >
43        </body >
44    </html >
```

任务实践 9 – 3　媒体查询的应用

任务描述：设计一个网页，当屏幕宽度大于等于 576 px 的时候，导航和文章模块排成一行，侧边栏消失；当屏幕宽度缩小至 576 px 以内的时候，导航、文章和侧边栏自动顺延到下一行。页面效果如图 9 – 7 所示。

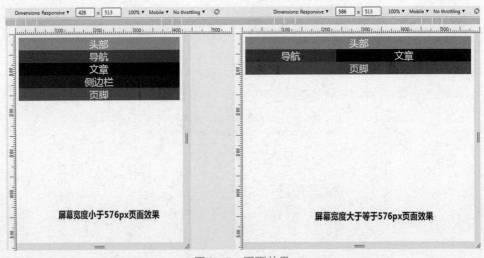

图 9 – 7　页面效果

任务分析：

①利用 HTML meta 声明做跨屏适配。

②根据任务要求，在页面主体 < body > 中嵌入 < header > 标签（头部）、< section > 标签嵌套 < nav > 标签（导航）、< article > 标签（文章）、< aside > 标签（侧边栏）、< footer > 标签（版尾）。

③设置屏幕宽度缩小至 576 px 以内时的 HTML 标签样式（移动端优先）。

④定义媒体查询@ media screen and(min – width:576px)，设置 < nav > 标签和 < article > 标签左浮动， < aside > 标签消失。

任务实施：

```
1  <!DOCTYPE html>
2  <html>
3    <head>
4       <meta charset = "UTF-8">
5       <meta name = "viewport" content = "width = device - width,initial -
6  scale =1" />
7       <title></title>
8       <style type = "text/css">
9          body {
10             color: #ffffff;
11             font - size: 24px;
12             text - align: center;
13          }
14          header{
15             background: orange;
16          }
17          nav{
18             background: green;
19          }
20          article{
21             background: darkblue;
22          }
23          aside{
24             background: purple;
25          }
26          footer{
27             background: red;
28          }
29          @media screen and (min - width: 576px) {
30             .clearfix::after {
31                display: block;
32                clear: both;
33                content: "";
34             }
35             .clearfix {
```

```
36                      *zoom: 1;
37                  }
38              nav{
39                  width: 40%;
40                  float: left;
41              }
42              article{
43                  width: 60%;
44                  float: left;
45              }
46              aside{
47                  display: none;
48              }
49          }
50      </style>
51  </head>
52  <body>
53          <header class = "orange">头部</header>
54          <section class = "clearfix">
55              <nav>导航</nav>
56              <article>文章</article>
57              <aside>侧边栏</aside>
58          </section>
59          <footer>页脚</footer>
60  </body>
61  </html>
```

任务 9.2　弹性盒布局

　　布局的传统解决方案基于盒模型，依赖 display 属性 + position 属性 + float 属性。但是它对于那些特殊布局非常不方便，比如，垂直居中就不容易实现。2009 年，W3C 提出了一种新的方案——flex 布局，其可以简便、完整、响应式地实现各种页面布局。flex 是 Flexible Box 的缩写，意为"弹性盒布局"，用来为盒模型提供最大的灵活性。弹性盒改变了块模型，既不使用浮动，也不会在弹性盒容器与其内容之间合并外边距，是一种非常灵活的布局方法。

　　flex 布局是一整个模块，并非单一的属性，它涉及的内容比较多，包括一系列属性。其中一些属性是用在容器（父元素）上的，其他一些属性则是用在项目（子元素）上的。

　　任何一个容器都可以指定为 flex 布局，目前，它已经得到了所有浏览器的支持，这意味着 flex 布局成为网页布局的首选方案。采用 flex 布局的元素，称为 flex 容器（父元素），它的所有子元素自动成为容器成员，称为 flex 项目。弹性盒结构如图 9 – 8 所示。弹性盒结构中除了容器、子元素以外，还有横轴和纵轴，并且默认情况下，子元素的排布方向与横轴的方向是一致的。

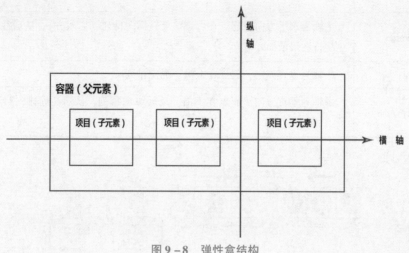

图 9 – 8 弹性盒结构

9.2.1 弹性盒子容器属性

1. display 属性

display 属性用来定义 flex 容器，其语法格式如下：

```
选择器{display: flex | inline - flex;}
```

flex 容器中的直系子元素就会变为 flex 元素，这些直系子元素会排列为一行，默认宽度是其本身的宽度，高度为容器的高度，页面效果如图 9 – 9 所示。

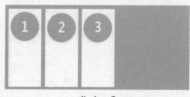

display: flex;

图 9 – 9 display 属性在弹性盒布局中的应用页面效果

2. flex – direction 属性

flex – direction 属性指定了弹性子元素在父元素中的位置，即子元素的排列方向。其语法格式如下：

```
选择器{flex - direction: row | row - reverse | column | column - reverse;}
```

上述语法格式的属性值见表 9 – 1，效果如图 9 – 10 所示。

表 9 - 1　**flex - direction** 属性值

属性值	描述
row（默认值）	主轴为水平方向，起点在左端。横向从左到右排列（左对齐）。是默认的排列方式
row - reverse	主轴为水平方向，起点在右端。反转横向排列（右对齐），从后往前排，最后一项排在最前面
column	主轴为垂直方向，起点在上沿。纵向排列
column - reverse	主轴为垂直方向，起点在下沿。反转纵向排列，从后往前排，最后一项排在最上面

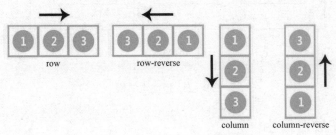

图 9 - 10　**flex - direction** 属性值效果图

3. flex - wrap 属性

flex - wrap 属性用于指定弹性子元素换行方式，同时，横轴的方向决定了新行堆叠的方向。其语法格式如下：

```
选择器{flex - wrap: nowrap | wrap | wrap - reverse;}
```

上述语法格式的属性值见表 9 - 2，效果如图 9 - 11 所示。

表 9 - 2　**flex - wrap** 属性值

属性值	描述
nowrap（默认值）	子元素不拆行或不拆列
wrap	换行，第一行在上方
wrap - reverse	换行，第一行在下方

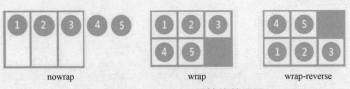

图 9 - 11　**flex - wrap** 属性值效果图

4. flex – flow 属性

flex – flow 属性是 flex – direction 属性和 flex – wrap 属性的简写形式，默认值为 row nowrap。其语法格式如下：

```
选择器{flex-flow: <flex-direction> <flex-wrap>;}
```

5. justify – content 属性

justify – content 属性用于将子元素沿着弹性容器的主轴线对齐，如果主轴线是横轴，那么该属性表示子元素的水平对齐方式。其语法格式如下：

```
选择器{justify-content: flex-start | flex-end | center | space-between | space-around;}
```

上述语法格式的属性值见表9 – 3，效果如图9 – 12所示。

表9 – 3 justify – content 属性值

属性值	描述
flex – start（默认值）	子元素向行起始位置对齐
flex – end	子元素向行结束位置对齐
center	子元素向行中间位置对齐
space – between	子元素会平均分布在行里，第一个子元素里的左边界与行的起始位置边界对齐，最后一个元素的右边界与行的结束位置边界对齐
space – around	子元素会平均地分布在行里，两端保留了子元素与子元素之间间距大小的一半

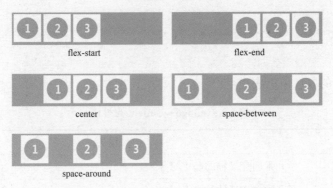

图9 – 12 justify – content 属性值效果图

6. align – items 属性

align – items 属性用于将子元素沿着弹性容器的交叉轴上对齐，如果主轴线是横轴，那么该属性表示子元素的垂直对齐方式。其语法格式如下：

```
选择器{align-items: flex-start | flex-end | center | baseline | stretch;}
```

上述语法格式的属性值见表9 – 4，效果如图9 – 13所示。

表 9 – 4　align – items 属性值

属性值	描述
flex – start	子元素向交叉轴的起点对齐
flex – end	子元素向交叉轴的终点对齐
center	子元素向交叉轴的中点对齐
baseline	子元素第一行文字的基线对齐
stretch（默认值）	如果子元素未设置高度或设为 auto，将占满整个容器的高度

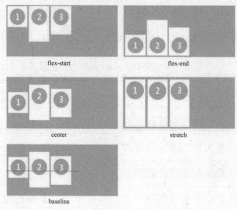

图 9 – 13　align – items 属性值效果图

7. align – content 属性

align – content 属性用于子元素多行显示时，其在主轴线上的垂直对齐方式。其语法格式如下：

```
选择器{align – content：flex – start｜flex – end｜center｜space – between｜space – around
｜stretch;}
```

上述语法格式的属性值见表 9 – 5。

表 9 – 5　align – content 属性值

属性值	描述
flex – start	子元素向交叉轴的起点对齐
flex – end	子元素向交叉轴的终点对齐
center	子元素向交叉轴的中点对齐
space – between	子元素与交叉轴两端对齐，轴线之间的间隔平均分布
space – around	每根轴线两侧的间隔都相等。所以，轴线之间的间隔比轴线与边框的间隔大一倍
stretch（默认值）	轴线占满整个交叉轴

9.2.2 弹性盒子项目属性

1. order 属性

order 属性定义子元素的排列顺序。其语法格式如下：

```
选择器{order: <integer>;}
```

上述语法格式中，integer 表示整数，数值越小，排列越靠前，默认为 0。

2. flex – grow 属性

flex – grow 属性指子元素分配父元素剩余空间（子元素放大），其语法格式如下：

```
选择器{flex-grow: <number>;}
```

上述语法格式中，number 默认为 0，即如果存在剩余空间，也不放大。

任务实践 9 – 4 利用弹性盒布局制作导航栏

任务描述：设计一个导航栏，导航宽度随着浏览器宽度的放大而放大，随着浏览器宽度的缩小而缩小。页面效果如图 9 – 14 所示。

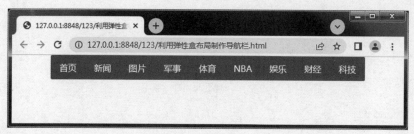

图 9 – 14 利用弹性盒布局制作导航栏页面效果图

任务分析：

①根据任务要求，在页面主体 < body > 中嵌入 < nav > 标签，其中嵌套 < ul > 标签，< ul > 标签嵌套 < li > 标签，< li > 标签嵌套 < a > 标签。

②设置 < ul > 标签的 CSS 样式 display:flex;。

③设置 < li > 标签的 CSS 样式 flex – grow:1;。

任务实施：

```
1  <!DOCTYPE html >
2  <html >
3    <head >
4        <meta charset = "UTF -8 " >
5        <title > </title >
6        <style >
7              *{
8                   padding: 0px;
9                   margin: 0px;
10             }
```

```
11          nav {
12                width: 80%;
13                margin: 0 auto;
14          }
15          ul {
16                min - height: 44px;
17                background - color: #1479d7;
18                border - radius: 3px;
19                display: flex;
20                align - items: center;
21          }
22          ul li {
23                list - style: none;
24                flex - grow: 1;
25                text - align: center;
26          }
27          a {
28          color: #ffffff;
29          text - decoration: none;
30          }
31      </style>
32  </head>
33  <body>
34      <nav>
35          <ul>
36                <li><a href = "#">首页</a></li>
37                <li><a href = "#">新闻</a></li>
38                <li><a href = "#">图片</a></li>
39                <li><a href = "#">军事</a></li>
40                <li><a href = "#">体育</a></li>
41                <li><a href = "#">NBA</a></li>
42                <li><a href = "#">娱乐</a></li>
43                <li><a href = "#">财经</a></li>
44                <li><a href = "#">科技</a></li>
45          </ul>
46      </nav>
47  </body>
48 </html>
```

3. flex – shrink 属性

flex – shrink 属性定义了子元素的缩小比例，其语法格式如下：

```
选择器{flex-shrink: <number>;}
```

上述语法格式中，number 默认为 1，即如果空间不足，该子元素将缩小。如果所有子元素的 flex – shrink 属性值都为 1，当空间不足时，都将等比例缩小；如果一个项目的 flex – shrink 属性为 0，其他项目都为 1，则空间不足时，前者不缩小。负值对该属性无效。

4. flex – basis 属性

flex – basis 属性定义了在分配多余空间之前，子元素占据的主轴空间，即子元素的基本宽度。浏览器根据这个属性，计算主轴是否有多余空间。其语法格式如下：

```
选择器{flex-basis: <length>|auto;}
```

上述语法格式的属性值见表 9 – 6。

表 9 – 6 flex – basis 属性值

属性值	描述
length	子元素本来的宽度
auto（默认值）	子元素向交叉轴的终点对齐

注意：当一个子元素同时被设置了 flex – basis（除了值为 auto 外）和 width（或者在 flex – direction:column 情况下设置了 height），flex – basis 具有更高的优先级。

5. flex 属性

flex 属性是 flex – grow、flex – shrink 和 flex – basis 的简写，默认值为（0 1 auto）。后两个属性可选。其语法格式如下：

```
选择器{flex: none|<flex-grow> <flex-shrink> <flex-basis>}
```

该属性有两个快捷值：auto(1 1 auto) 和 none(0 0 auto)。

6. align – self 属性

align – self 属性允许单个项目有与其他项目不一样的对齐方式，可覆盖 align – items 属性。其语法格式如下：

```
选择器{align-self: auto|flex-start|flex-end|center|baseline|stretch;}
```

上述语法格式的属性值见表 9 – 7。

表 9 – 7 align – self 属性值

属性值	描述
auto	默认值。子元素继承了它的父元素的 align – items 属性。如果没有父元素，则为 "stretch"

属性值	描述
stretch	子元素被拉伸，以适应容器
center	子元素位于容器的中心
flex – start	子元素位于容器的开头
flex – end	子元素位于容器的结尾
baseline	子元素位于容器的基线上
initial	设置该属性为它的默认值
inherit	从父元素继承该属性

任务实践 9 – 5   弹性盒子属性的综合应用

任务描述：设计一个网页，当屏幕宽度大于等于 576 px 的时候，导航和文章模块排成一行，侧边栏消失；当屏幕宽度缩小至 576 px 以内的时候，导航、文章和侧边栏模块自动顺延到下一行。页面效果如图 9 – 15 所示。

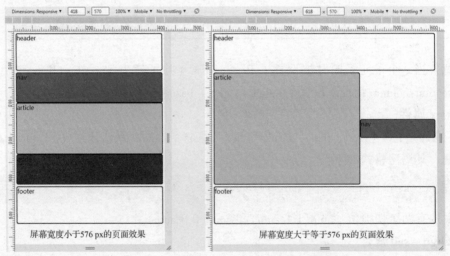

屏幕宽度小于576 px的页面效果　　　　　　　　　屏幕宽度大于等于576 px的页面效果

图 9 – 15   弹性盒子属性的综合应用页面效果图

任务分析：

①利用 HTML meta 声明做跨屏适配。

②根据任务要求，在页面主体 < body > 中嵌入 < header > 标签（头部）、< section > 标签嵌套 < nav > 标签（导航）、< article > 标签（文章）、< aside > 标签（侧边栏）、< footer > 标签（版尾）。

③设置屏幕宽度缩小至 576 px 以内时 < section > 标签的 CSS 样式 display：flex；flex – direction：column；，实现导航、文章和侧边栏模块自动顺延到下一行。

④定义媒体查询@ media screen and(min – width：576px)，设置 < section > 标签的 CSS 样

式 flex - direction:row;，实现导航和文章模块排成一行。

　　任务实施：

```
1   <!DOCTYPE html >
2   <html >
3      <head >
4             <meta charset = "UTF - 8" >
5             <meta name = "viewport" content = "width = device - width,initial -
6   scale = 1,minimum - scale = 1,maximum - scale = 1,user - scalable = no" />
7             <title > </title >
8             <style type = "text/css" >
9                   *{
10                       padding: 0px;
11                      margin: 0px;
12                      box - sizing: border - box;
13                   }
14                  header,footer{
15                      border: 2px solid black;
16                      border - radius: 5px;
17                      min - height: 100px;
18                      margin: 5px;
19                   }
20                  section{
21                       margin: 5px;
22                       display: flex;
23                       flex - direction: column;
24                       min - height: 300px;
25                   }
26                  nav{
27                      border: 2px solid black;
28                      border - radius: 5px;
29                      background - color: red;
30                      flex - grow: 1;
31                   }
32                  article{
33                      border: 2px solid black;
34                      border - radius: 5px;
35                      background - color: gold;
36                      flex - grow: 2;
```

```
37                  }
38              aside{
39                  border: 2px solid black;
40                  border - radius: 5px;
41                  background - color: blue;
42                  flex - grow: 1;
43              }
44          @media screen and (min - width:576px){
45              section{
46                  flex - direction: row;
47              }
48              nav{
49                  order: 1;
50                  align - self:center;
51                  min - height: 50px;
52              }
53              aside{
54                  display: none;
55              }
56          }
57      </style>
58  </head>
59  <body>
60      <header>header</header>
61      <section>
62          <nav>nav</nav>
63          <article>article</article>
64          <aside>aside</aside>
65      </section>
66      <footer>footer</footer>
67  </body>
68 </html>
```

项目分析

从页面效果可以看出，该页面由 logo、汉堡图标、banner 广告区域、主体内容区域、页面底部区域等构成，页面标注如图 9-16 所示，页面结构如图 9-17 所示。

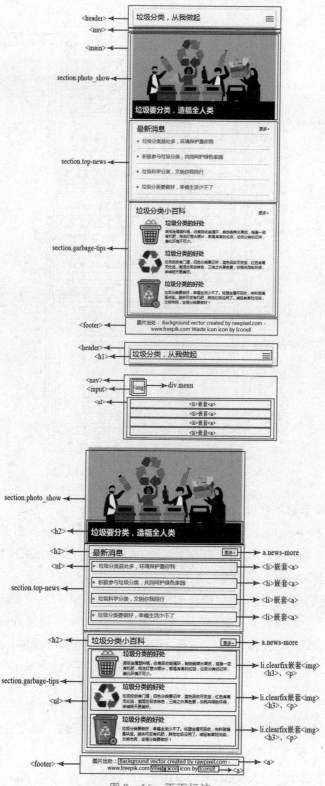

图 9-16 页面标注

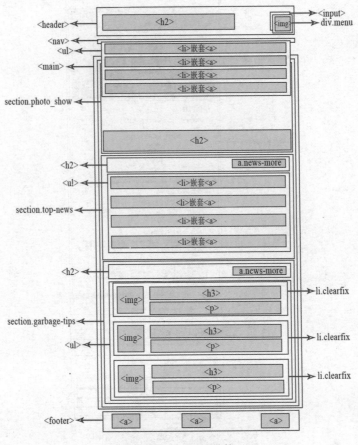

图 9 – 17　页面结构

该部分的实现细节具体分析如下：

①汉堡菜单通过 <input type = "checkbox" >标签、div. menu、<ul >标签绝对定位确定位置；

②媒体查询后，利用 <li >标签的 display：inline – block；实现导航项横向显示；

③页面主体部分 <main >采用弹性盒布局；

④"垃圾要分类，造福全人类"模块通过 <h2 >标签的绝对定位确定位置；

⑤"最新消息""垃圾分类小百科"标题右侧的"更多 +"通过 float：right；实现；

⑥"最新消息"列表项前的"》"通过∷before 伪元素选择器添加；

⑦"垃圾分类小百科"模块列表项图片和文字部分采用浮动布局。

项目实施

1. 设置视口，引入 CSS 样式表文件，设置网站图标与标题，定义全局 CSS 样式

（1）设置视口，链入外部 CSS 样式

```
1 < meta name = "viewport" content = "width = device – width, initial – scale = 1.0" >
2 < link rel = "stylesheet" type = "text/css" href = "css/lajisx.css"/>
```

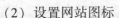

（2）设置网站图标

```
1 <link rel = "shortcut icon" type = "image/x - icon" href = "favicon.ico"/>
```

（3）设置网站标题

```
1 <title>垃圾分类我先行</title>
```

（4）定义全局 CSS 样式

```
1 *{
2    padding: 0px;
3    margin: 0px;
4    box - sizing: border - box;
5 }
6 ul li{list - style: none;}
7 a{text - decoration: none;}
8 body{
9    margin: 5px;
10 }
```

2. 制作页面 Logo 的 html 结构，定义 CSS 样式

（1）制作页面 Logo 的 html 结构

```
1 <header>
2    <h1>垃圾分类,从我做起</h1>
3 </header>
```

（2）定义 CSS 样式

```
1 /* header 样式设置 */
2 header{
3    box - shadow: 0px 2px 5px rgba(0,0,0,0.3);
4    margin - bottom: 5px;
5 }
6 header h1{
7    font - weight: 300;
8    font - size: 1.5rem;
9    color: #212121;
10   padding: 10px;
11 }
```

3. 制作导航栏 html 结构，定义 CSS 样式

（1）制作导航栏 html 结构

```
1 <nav>
2            <input type = "checkbox"/>
```

```
3              < div class = "menu" >
4                    < img src = "img/la3.png" >
5              < /div >
6              < ul >
7                    < li > < a href = "#" >首页 < /a > < /li >
8                    < li > < a href = "#" >全球问题 < /a > < /li >
9                    < li > < a href = "#" >解决方案 < /a > < /li >
10                   < li > < a href = "#" >关于我们 < /a > < /li >
11             < /ul >
12  < /nav >
```

（2）定义 CSS 样式

```
1 nav{height: 0px;}
2 nav input {
3              width: 30px;
4              height: 30px;
5              position: absolute;
6              top: 20px;
7              right: 10px;
8              cursor: pointer;
9              opacity: 0;
10             z - index: 2;
11 }
12 .menu {
13             width: 30px;
14             height:30px;
15             position: absolute;
16             top: 20px;
17             right: 10px;
18             z - index: 1;
19         }
20 nav ul {
21             position: absolute;
22             width: 50%;
23             background - color: #FFFFFF;
24             top: 63px;
25             left: 5px;
26             padding: 0px 30px 30px 30px;
27             z - index: 999;
28             transform: translate( -110% , 0);
```

```
29          }
30 nav ul li {
31          padding: 10px 0px;
32          border-bottom: 1px solid #212121;
33          }
34 nav ul li a {
35          color: #212121;
36          font-size: 1rem;
37          }
38 nav input:checked ~ ul {
39          transform: none;
40          transition: transform 0.5s ease;
41          }
```

4. 制作页面主体内容，定义 CSS 样式

(1) 制作页面主体内容

```
1 < main >
2          < section class = "photo_show" >
3                   < h2 > 垃圾要分类,造福全人类 </ h2 >
4          </ section >
5          < section class = "top - news" >
6                   < h2 > 最新消息 < a href = "#" class = "news - more" > 更多 + </ a > </ h2 >
7                   < ul >
8                            < li > < a href = "#" > 垃圾分类益处多,环境保护靠你我 </ a > </ li >
9                            < li > < a href = "#" > 积极参与垃圾分类,共同呵护绿色家园 </ a > </ li >
10                           < li > < a href = "#" > 垃圾科学分类,文明你我同行 </ a > </ li >
11                           < li > < a href = "#" > 垃圾分类要做好,幸福生活少不了 </ a > </ li >
12                  </ ul >
13         </ section >
14         < section class = "garbage - tips" >
15                  < h2 > 垃圾分类小百科 < a href = "#" class = "news - more" > 更多 + </ a >
16 </ h2 >
17                  < ul >
18                           < li class = "clearfix" >
19                                    < img src = "img/la2.png" >
20                                    < h3 > 垃圾分类的好处 </ h3 >
21                                    < p > 废纸金属塑料瓶,收集回收能循环,剩饭剩菜水果皮,摇身
22          一变有机肥,电池灯管水银计,都是有害的垃圾,垃圾分类切记牢,美化环境不可少。 </ p >
23                           </ li >
```

```
24              < li class = "clearfix" >
25                  < img src = "img/la4.png" >
26                  <h3 > 垃圾分类的好处 </h3 >
27                  <p > 垃圾投放有门道,四色分类要记牢,蓝色回收可变宝,红色
28  有害无处逃,潮湿垃圾放棕色,三类之外黑色要,你我共同助环保,申城明天更美好。 </p >
29              < /li >
30              < li class = "clearfix" >
31                  < img src = "img/la5.png" >
32                  <h3 > 垃圾分类的好处 </h3 >
33                  <p > 垃圾分类要做好,幸福生活少不了。纸塑金属可回收,布料
34  玻璃是块宝。厨余可变有机肥,其他垃圾没用了。减轻有害防污染,文明市民,全程分类要做好! </p >
35              < /li >
36          < /ul >
37      < /section >
38  < /main >
```

（2）定义 CSS 样式

```
1  /* main 部分 */
2  main{
3      box - shadow: 0 2px 5px rgba(0,0,0,0.26);
4      display: flex;
5      flex - direction: column;
6  }
7  /* .photo_show 样式设置 */
8  .photo_show{
9      position: relative;
10     background - image: url(../img/la1.jpg);
11     background - size: cover;
12     height: 300px;
13 }
14 .photo_show h2{
15     background - color: rgba(0,0,0,0.7);
16     position: absolute;
17     bottom: 0;
18     width: 100%;
19     height: 60px;
20     line - height: 60px;
21     color: #ffffff;
22     padding - left:10px;
23 }
```

```
24 /* .top-news 样式设置 */
25 .top-news{
26     padding: 16px;
27     border-bottom: 1px solid #E0E0E0;
28 }
29 .top-news h2{
30     font-weight:500;
31     border-bottom: 1px solid #E0E0E0;
32 }
33 .news-more{
34     float: right;
35     font-size: 0.8rem;
36     color: #333333;
37     margin-top:5px;
38 }
39 .top-news ul li{
40     border-bottom:1px solid #E0E0E0;
41     height: 50px;
42     line-height: 50px;
43 }
44 .top-news ul li::before{
45     content: "》";
46 }
47 .top-news ul li a{
48     color: #666666;
49     font-size: 1rem;
50     margin-left: 10px;
51 }
52 .top-news ul li a:hover{
53     text-decoration: underline;
54 }
55 /* .garbage-tips 样式 */
56 .garbage-tips{
57     padding: 16px;
58
59 }
60 .garbage-tips h2{
61     font-weight: 500;
62     height: 40px;
```

```
63        line - height: 40px;
64      }
65 .garbage - tips ul li img{float: left; width: 100px;}
66 .clearfix:after{
67     content: "";
68     display: block;
69     clear: both;
70 }
71 .clearfix{
72     *zoom:1;
73 }
74 .garbage - tips ul li h3{
75     color: #666666;
76     height: 40px;
77     line - height: 40px;
78 }
79 .garbage - tips ul li p{
80     font - size: 0.85px;
81 }
```

5. 制作页面底部 html 结构，定义 CSS 样式

（1）制作页面底部 html 结构

```
1 < footer >
2          图片出处:
3          < a href = "https://www.freepik.com/free - photos - vectors/
4 background" >Background vector created by rawpixel.com - www.freepik.com </a >
5              < a target = "_blank" href = "https://icons8.com/icons/set/waste"
6 >Waste icon </a > icon by < a target = "_blank" href = "https://icons8.com" >Icons8 </a >
7 < /footer >
```

（2）定义 CSS 样式

```
1 /* footer 样式 */
2 footer {
3     padding - top: 20px;
4     text - align: center;
5 }
```

6. 响应式设计，定义样式

```
/* 响应式设计 */
1 @media all and (min - width:576px) {
2   header h1{font - weight: 500;
```

```
3    font - size: 2rem;
4    }
5    nav{height: auto;}
6    nav input,.menu{
7         display: none;
8    }
9    nav ul{
10        position: static;
11        transform: none;
12        width: 80%;
13        margin: 0px auto;
14        padding: 0px;
15        font - size: 0px;
16    }
17   nav ul li{
18        display: inline - block;
19        border - bottom: none;
20        width: 25%;
21        text - align: center;
22        height: 80px;
23        line - height: 80px;
24        padding: 0px;
25    }
26   nav ul li a{
27        font - size: 1.2rem;
28    }
29   main{
30        width: 80%;
31        margin: 0px auto;}
32   }
33   @media all and (min - width:768px) {
34   main{width: 100%;
35   flex - direction: row;
36   flex - wrap: wrap;}
37   .photo_show{
38        flex: 1;
39   }
40   .top - news{
41        flex: 1;
42        padding: 32px;
43   }
```

```
44   .garbage - tips{
45        width: 100% ;
46   }
47 }
48 @media all and (min - width:992px) {
49   main{max - width: 960px;}
50 }
```

项目实训

实训目的

练习制作响应式页面，注意媒体查询、弹性盒布局的定义方法。

实训内容

利用弹性盒布局实现了个人信息页面的响应式设计，在不同屏幕下的效果如图 9 – 18 ~ 图 9 – 20 所示。

图 9 – 18　个人信息网页大屏幕效果图

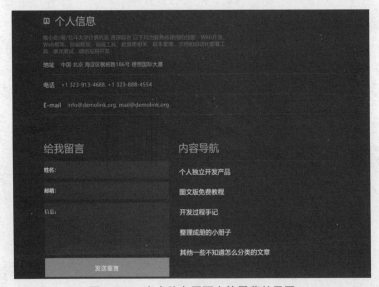

图 9 – 19　个人信息网页中等屏幕效果图

图 9 – 20　个人信息网页小屏幕效果图

项目小结

本项目重点：通过本项目的学习，可以学会用媒体查询对网页进行调整，学会使用弹性盒布局来制作响应式网站。

本项目注意事项：

1. 弹性盒布局在移动端出现的概率非常高，应深刻理解弹性盒布局的意义和相关属性，尤其需要注意哪些属性属于父容器属性，哪些属性属于子元素属性。

2. 在如今多终端多设备的场景下，多屏设计成为产品设计中需要考虑的重要一点，也是商业设计中不可或缺的一部分。

拓展阅读

什么是网站图标？网站图标是一个小文件，其中包含一个或多个用于表示网站的图标。网站图标也称为标签图标、URL 图标或书签图标。此图标实际上显示在地址栏、浏览器的选项卡、浏览器历史记录、书签栏等上。图标有多种文件格式，但是所有浏览器都支持 . ico 格式。

如何插入网站图标？首先，将网站图标 favicon. ico 保存到网站根目录下，然后打开 HTML 文件，在 < head > 标签里输入如下代码：

```
< link rel = "shortcut icon" type = "image/x – icon" href = "favicon.ico"/>
```

最后保存并预览文件。